AIGC这样用
——让创作更智能、更高效

钱慎一 ◎ 编著

清华大学出版社
北京

内 容 简 介

本书作为AIGC技术的深度解析与实践指南，旨在为读者揭开AIGC的神秘面纱。全书精心设计了8章内容，从基础知识到实战应用，层层递进，详尽阐述。全书覆盖基础知识及7大应用场景，包括撰写多类型文章、处理办公事务、图像创作、音频编辑、短视频创作、Python编程、数字人虚拟主播，旨在帮助读者快速掌握AIGC的核心技能，提升办公效率与创意表达能力。

本书既可以作为广大读者提升个人生成式人工智能素养的参考学习资料，又可以作为高等院校相关专业和社会培训机构的首选教材。

版权所有，侵权必究。举报：010-62782989，beiqinquan@tup.tsinghua.edu.cn。

图书在版编目（CIP）数据

AIGC这样用：让创作更智能、更高效 / 钱慎一编著.
北京：清华大学出版社，2025.6. -- ISBN 978-7-302-69187-7
Ⅰ. TP18
中国国家版本馆CIP数据核字第20254PY519号

责任编辑：袁金敏
封面设计：阿南若
责任校对：胡伟民
责任印制：宋　林

出版发行：清华大学出版社
网　　址：https://www.tup.com.cn，https://www.wqxuetang.com
地　　址：北京清华大学学研大厦A座
邮　　编：100084
社 总 机：010-83470000
邮　　购：010-62786544
投稿与读者服务：010-62776969，c-service@tup.tsinghua.edu.cn
质 量 反 馈：010-62772015，zhiliang@tup.tsinghua.edu.cn
课 件 下 载：https://www.tup.com.cn，010-83470236

印 装 者：涿州汇美亿浓印刷有限公司
经　　销：全国新华书店
开　　本：185mm×260mm　　印　张：13.5　　字　数：370千字
版　　次：2025年6月第1版　　　　　　　印　次：2025年6月第1次印刷
定　　价：69.80元

产品编号：112321-01

人工智能赋能教育改革
——AIGC这样用系列图书编委会

主　　任： 甘　勇

副 主 任： 钱慎一　　吴怀广

专家委员：（按姓氏笔画排序，排名不分先后）

王　峰	王志刚	王进军	王国胜	甘　琤
任小金	任建吉	孙　彤	孙士保	许新忠
刘松云	陈　强	李　同	张浩军	张　楠
张晓涵	宋　玉	汪卫国	苗凤君	周　震
秦　方	徐国愚	晏　强	袁芳文	栾大成
曹利强	黄春风			

手把手教你把 AI 工具变成"超级外挂"

(更多学习视频，扫码即看)

附赠学习视频，涵盖图像生成、AI音乐编创、短视频创作、代码生成等。突破创作瓶颈，开启智能创作新时代。

❶ 使用AI工具撰写会议邀请函	❷ 自动生成个性化简历	❸ 一键生成高品质PPT	❹ 使用AI工具执行数据清洗
❺ 使用智谱清言制作表格	❻ 图生图	❼ 图像转换	❽ 用豆包生成室内效果图
❾ 图像的抠取与合成	❿ 快速消除图像中的人物	⓫ 利用天工AI生成民谣歌曲	⓬ 为古诗诵读音频制作背景音乐
⓭ 用海绵音乐生成年会开场乐	⓮ 使用AI工具创作音乐	⓯ 剪映AI特效的应用	⓰ 剪映AI玩法智能扩图
⓱ 即梦AI图片生视频	⓲ 根据配音自动对口型	⓳ 制作变身视频	⓴ 通过创意描述塑造神话角色
㉑ 代码检测与修复	㉒ 网页图像悬停切换	㉓ Python版计时器	㉔ 质量单位换算程序

AIGC 前言

在数字化浪潮席卷全球的今天,AIGC(生成式人工智能)技术正以前所未有的速度和深度改变着人们的工作与生活。从文案写作到图像生成,从音频编辑到代码编写,AIGC技术在各领域展现出了强大的应用潜力,成为推动社会进步、提高工作效率的关键力量。

如今,AIGC已经不仅仅是一个科技概念,更是改变生产力的现实工具。例如,在文章写作方面,AIGC可提高写作效率;在图像设计领域,AIGC能帮助设计师打造更具视觉冲击力的作品;在音频和视频创作方面,AIGC技术能够提供精确的编辑与创作支持,极大地提升生产效率。这些技术的广泛应用,不仅推动了内容创作的变革,也为各行各业提供了创新驱动的动力源泉。

本书特色

本书致力于打造一本知识适度、技能实用、交互性强、AI赋能的生成式人工智能通识课教材,旨在帮助读者快速掌握AIGC的核心知识和技能,并将其应用于实际工作、学习和生活中。为此,本书在内容编排上进行了精心设计,具有以下显著特色。

- **双目录设计,便捷导航**。本书特别采用双目录设计,其中技巧型目录按技能点分类,便于读者快速定位至相关章节。而案例型目录则按应用场景划分,便于读者按需查找相关应用场景。这种设计适合系统学习与按需查阅,提升了阅读便捷性和效率。
- **理论+实操,即学即用**。本书在正文中适时设置"练习拓展""提示词拓展""知识拓展"内容,旨在通过拓展来锻炼读者的动手能力。此外,这些内容也有助于提升读者解决问题的能力。
- **AIGC应用实战,温故知新**。为了进一步巩固读者的所学知识,第2~8章末尾安排"AIGC应用实战"案例。通过这些案例,读者可以了解AIGC技术在文章写作、新媒体运营、办公、设计、编程、音视频等领域的具体应用。案例的选择不仅具有代表性,而且贴近实际,能够帮助读者更好地理解AIGC技术的原理与优势,激发创新思维和实践能力。
- **资源丰富,配套齐全**。为了满足读者的多样化需求和学习方式,本书提供丰富的配套资源,包括素材文件、学习视频等,方便读者能够根据自己的需求和兴趣选择适合的学习方式和节奏,从而提高学习效果和学习体验。

学习方法

对于新手,想要快速掌握AIGC这项技术,可以从以下几点着手。

- **熟悉工具**:熟悉并尝试使用各种AIGC工具和平台,如写作工具、图像生成模型、数据分析工具等。通过实际操作和实践,掌握这些工具的基本使用方法和功能。
- **理论结合实践**:尝试在实际项目中应用AIGC技术,如使用自动生成的文本内容、设计创意广告等。通过实践项目和解决实际问题,不断提升自己的技能和经验。
- **关注行业动态**:AIGC技术在不断发展和演进,新的模型和算法不断涌现。因此,用户需要持续关注行业动态,了解最新的研究成果和技术趋势。

- **避免陷入误区**：在学习过程中，要避免陷入对未来不切实际的假想和过分依赖工具的误区。AIGC只能作为提升效率的工具使用，创作的核心是人的主观思想和意识，过度依赖不可取。

内容概述

本书内容涵盖人工智能的基本概念和基础知识、各类AIGC工具的应用场景与操作方法等多个方面。从文本生成、图像创作到数字音频编辑、短视频创作，再到代码编写和数字人虚拟主播等前沿领域，本书均进行详尽的介绍。本书各章主要内容介绍见表1。

表1

章序	章名	主要内容
第1章	AIGC知识速览	主要介绍人工智能与AIGC基础知识、AIGC的主要作用、提示词的应用和设计方法，以及AIGC应用领域等内容
第2章	文章写作小能手	主要介绍常见文本生成工具，以及商务社交、日常生活等类型文案的撰写等内容
第3章	办公效率专家	主要介绍办公文案撰写、高效数据处理与分析、PPT快速生成等内容
第4章	图像创作大师	主要介绍图像创作灵感与构思、不同风格图形的生成，移除背景、移除水印、修复瑕疵等图像处理技术的应用等内容
第5章	数字音频编辑高手	主要介绍数字音频的基础知识、常见配音和配乐工具的应用、音频的编辑等内容
第6章	短视频创作达人	主要介绍短视频创作的基础知识，以及可灵AI、即梦AI、剪映等常见短视频创作平台的应用等内容
第7章	AI代码编写助手	主要介绍AIGC编程基础知识、网页制作代码的生成、Python编程语言的应用等内容
第8章	数字人虚拟主播	主要介绍数字人基础概览，以及剪映数字人、智影数字人等常用数字人平台的操作技巧等内容

本书的编写不仅得到了河南省计算机学会、郑州大学、河南大学、江苏师范大学、郑州轻工业大学、河南农业大学、河南科技大学、河南理工大学、华北水利水电大学、河南工业大学、河南财经政法大学、郑州工程技术学院、中原工学院、洛阳师范学院、河南工业贸易职业学院、河南机电职业学院、河南艺术职业学院、郑州卫生健康职业学院等院校众多老师的指导，还得到新华三集团、北京启明星辰信息安全技术有限公司、河南众诚科技有限公司、郑州云智信安安全技术有限公司等企业科技人员的支持与帮助，在此一并表示感谢。感谢本书中所使用的AIGC工具的开发者与经营者，他们为推动我国人工智能领域的发展，提升国民在生成式人工智能技术方面的素养和应用能力，提供了宝贵的支持和帮助。愿本书能够成为广大读者学习AIGC知识的良师益友，为推动人工智能技术的发展和应用贡献一份力量。

本书由郑州轻工业大学钱慎一教授编著，本书在编写过程中力求严谨细致，但由于时间仓促和编者水平有限，书中难免存在不足之处。我们诚挚地期盼诸位专家学者、使用本书的师生们和企事业单位人员提出宝贵的意见和建议，以便不断改进和完善本书的内容和质量。

编者

2025年2月

附赠资源

教学课件

配套视频

技术支持

教学支持

目 录

第 1 章　AIGC知识速览

1.1　人工智能与AIGC基础 ………… 2
　1.1.1　人工智能的概念 ………… 2
　1.1.2　人工智能与深度学习的关系 ………… 2
　1.1.3　从人工智能到AIGC的演进 ………… 3
1.2　AIGC能做什么 ………… 4
　1.2.1　文本生成 ………… 4
　1.2.2　图像生成 ………… 5
　1.2.3　音频生成 ………… 5
　1.2.4　视频生成 ………… 6
1.3　AIGC是如何实现的 ………… 6
　1.3.1　AIGC的核心逻辑 ………… 6
　1.3.2　AIGC如何学习和生成内容 ………… 7
　1.3.3　大模型概念与AIGC的关系 ………… 8
1.4　掌握与AIGC的互动技巧 ………… 9
　1.4.1　提示词的定义与作用 ………… 9
　1.4.2　提示词优化的方法 ………… 9
　1.4.3　各类提示词参考示例 ………… 11
1.5　AIGC的行业应用 ………… 14
　1.5.1　教育与培训 ………… 14
　1.5.2　媒体与内容创作 ………… 16
　1.5.3　创意与艺术 ………… 16
　1.5.4　企业智能化服务 ………… 17

第 2 章　文章写作小能手

2.1　常见文本生成工具 ………… 20
2.2　常规事务高效处理 ………… 20
　2.2.1　言简意赅的通知书 ………… 20
　2.2.2　打造个性化的简历 ………… 22
　2.2.3　条理清晰的工作总结 ………… 24
　2.2.4　创意无限的活动策划 ………… 29
2.3　商务社交精准表达 ………… 32
　2.3.1　诚意满满的邀请函 ………… 32
　2.3.2　高效达成的沟通函 ………… 34
　2.3.3　精彩绝伦的发言稿 ………… 36
　2.3.4　暖心独到的祝贺词 ………… 37
2.4　日常生活随心记录 ………… 38
　2.4.1　信息丰富的旅游攻略 ………… 38
　2.4.2　陶冶情操的诗歌艺术 ………… 42
　2.4.3　八面玲珑的沟通话术 ………… 43
　2.4.4　健康营养的烹饪技法 ………… 44
2.5　AIGC应用实战：吸睛的朋友圈文案 ………… 46

第 3 章　办公效率专家

3.1 办公领域多元应用 ································ 49
- 3.1.1 常用办公AIGC工具 ························ 49
- 3.1.2 提升文档撰写品质 ························ 49
- 3.1.3 提高数据处理效率 ························ 51
- 3.1.4 智创PPT整体方案 ························ 53

3.2 灵感激发与文案速撰 ···························· 54
- 3.2.1 激发广告创意灵感 ························ 54
- 3.2.2 活动策划方案生成 ························ 55
- 3.2.3 撰写"微信公众号"软文 ················ 57
- 3.2.4 快速创作短视频脚本 ···················· 58
- 3.2.5 讯飞星火中英翻译 ························ 60

3.3 开启高效数据处理新篇章 ···················· 61
- 3.3.1 自动化创建数据表 ························ 61
- 3.3.2 快速绘制可视化图表 ···················· 62
- 3.3.3 精准分析Excel表格数据 ················ 63
- 3.3.4 WPS AI轻松驾驭复杂公式 ············ 63
- 3.3.5 自动计算数据排名 ························ 64
- 3.3.6 深度挖掘目标行业大数据 ············ 66
- 3.3.7 条件格式一键对比完成率 ············ 67

3.4 PPT创作一键直达 ································ 68
- 3.4.1 一键生成PPT ································ 68
- 3.4.2 Word转PPT ·································· 69
- 3.4.3 快速创建教学课件 ························ 69
- 3.4.4 一个主题生成活动策划PPT ········· 70

3.5 AIGC应用实战：生成"小红书"
种草文案 ·· 72

第 4 章　图像创作大师

4.1 图像创作灵感与构思 ···························· 74
- 4.1.1 如何激发图像创作灵感 ················ 74
- 4.1.2 图像创作的构思过程 ···················· 77
- 4.1.3 AIGC赋能图像创作工具 ··············· 81

4.2 AIGC绘画风格探索与创新 ·················· 82
- 4.2.1 中国传统绘画风格演绎 ················ 82
- 4.2.2 现代艺术风格的探索与应用 ········ 84
- 4.2.3 复刻与演绎艺术大师之作 ············ 85
- 4.2.4 人像与风景的逼真呈现 ················ 87
- 4.2.5 角色与IP的构思实现 ···················· 89
- 4.2.6 游戏场景与角色设计的革新 ········ 91

4.3 AIGC图像处理技术与应用 ·················· 92
- 4.3.1 电商产品背景移除 ························ 92
- 4.3.2 水印与瑕疵的擦除 ························ 94
- 4.3.3 模糊图片秒变高清图 ···················· 95
- 4.3.4 智能调整图像颜色 ························ 96
- 4.3.5 图像的创意扩图 ···························· 97
- 4.3.6 老照片的智能修复 ························ 98

4.4 AIGC应用实战：
诗画同源——古诗词绘画新体验 ········ 100

第 5 章　数字音频编辑高手

- 5.1 了解音频那些事 ·················· 103
  - 5.1.1 声音和波形图 ················ 103
  - 5.1.2 从模拟音频到数字音频 ······ 105
  - 5.1.3 音频的常见格式 ·············· 106
  - 5.1.4 音频的声道制式 ·············· 107
- 5.2 完美生成配音及配乐 ············ 107
  - 5.2.1 配音及配乐生成工具 ········ 107
  - 5.2.2 精准高效录音的转写 ········ 108
  - 5.2.3 引人入胜的有声书配音 ······ 110
  - 5.2.4 氛围拉满的有声书配乐 ······ 112
  - 5.2.5 生成符合主题的歌曲 ········ 113
- 5.3 混音降噪一键编辑 ··············· 115
  - 5.3.1 音频编辑常用工具 ············ 115
  - 5.3.2 无缝衔接的音频拼接 ········ 116
  - 5.3.3 纯净无暇的音频降噪 ········ 119
  - 5.3.4 快速剔除音频的人声 ········ 122
  - 5.3.5 提升质感的音频混响 ········ 123
- 5.4 AIGC应用实战：
  完善有声书开场配音 ············ 125

第 6 章　短视频创作达人

- 6.1 AIGC短视频创作基础 ··········· 129
  - 6.1.1 视频类AIGC工具介绍 ······· 129
  - 6.1.2 视频拍摄与剪辑术语 ········ 129
- 6.2 可灵AI提升短视频创意 ········ 131
  - 6.2.1 创意描述塑造神话角色 ······ 131
  - 6.2.2 生成卡通萌宠动画 ············ 132
  - 6.2.3 制作神兽幻化人形奇幻视频 ··· 134
  - 6.2.4 笔刷绘制主体运动轨迹 ······ 137
- 6.3 即梦AI智造短视频梦想 ········ 139
  - 6.3.1 视频流畅运镜控制 ············ 139
  - 6.3.2 提示词创作产品宣传视频 ··· 142
  - 6.3.3 首尾帧生成古风穿越视频 ··· 143
  - 6.3.4 绘制路径为视频添加动效 ··· 144
  - 6.3.5 人物对口型配音 ·············· 146
- 6.4 剪映创意剪辑 ······················· 148
  - 6.4.1 各种AI"玩法" ················ 148
  - 6.4.2 智能写文案一键成片 ········ 151
  - 6.4.3 创意宠物视频剪辑 ············ 153
  - 6.4.4 为视频添加字幕和配音 ······ 156
- 6.5 AIGC应用实战：
  一站式智能AI配乐 ··············· 159

第 7 章 AI代码编写助手

7.1 有趣的编程基础 ········· 161
    7.1.1 丰富的编程语言 ········· 161
    7.1.2 必备的编程环境 ········· 162
    7.1.3 常用的编程生成工具 ········· 162

7.2 直观的网页制作与美化 ········· 163
    7.2.1 生成基础的HTML代码 ········· 163
    7.2.2 CSS美化页面 ········· 164
    7.2.3 JavaScript增加交互 ········· 167
    7.2.4 AIGC解读代码功能 ········· 169
    7.2.5 AIGC添加代码注释 ········· 171

7.3 高效的Python编程语言 ········· 173
    7.3.1 Python开发环境搭建 ········· 173
    7.3.2 精准的数据分析 ········· 174
    7.3.3 强大的程序开发 ········· 177
    7.3.4 简洁的数据抓取 ········· 179

7.4 AIGC应用实战：实用的倒计时程序 ········· 182

第 8 章 数字人虚拟主播

8.1 数字人基础概览 ········· 186
    8.1.1 概念与核心特点 ········· 186
    8.1.2 分类及应用场景 ········· 186
    8.1.3 数字人工具和平台 ········· 187

8.2 剪映数字人口播视频 ········· 188
    8.2.1 智能生成文案与字幕 ········· 188
    8.2.2 选择理想的数字人 ········· 190
    8.2.3 美化数字人形象 ········· 191
    8.2.4 导入新闻背景 ········· 192
    8.2.5 调整字幕长度 ········· 194

8.3 腾讯智影数字人播报视频 ········· 195
    8.3.1 登录腾讯智影 ········· 195
    8.3.2 一键选择模板 ········· 195
    8.3.3 AI创作播报文案 ········· 196
    8.3.4 修改文本 ········· 197
    8.3.5 更换数字人形象 ········· 198
    8.3.6 更换背景 ········· 199
    8.3.7 合成视频字幕 ········· 199
    8.3.8 快速合成数字人视频 ········· 200

8.4 AIGC应用实战：制作教学数字人视频 ········· 200

AIGC 实操索引

第2章　文章写作小能手
练习1：制作企业录用通知书 ·········· 20
练习2：制作个人简历 ·················· 22
练习3：制作销售部一季度工作总结 ····· 25
练习4：制作年会活动策划案 ·········· 29
练习5：制作答谢会邀请函 ············· 32
练习6：制作合同续约商洽函 ·········· 35
练习7：制作周年庆发言稿 ············· 36
练习8：生成简短祝贺词 ················ 38
练习9：生成7天旅行计划 ············· 39
练习10：生成一首现代诗歌 ············ 42
练习11：生成解除误会的话术 ········· 43
练习12：制作个性化聚会食谱 ········· 44

第3章　办公效率专家
练习1：提供产品广告创意点 ·········· 54
练习2：制作艺术节活动策划方案 ····· 56
练习3：为某阅读平台制作宣传软文 ··· 57
练习4：创建魔幻主题视频脚本 ······· 58
练习5：翻译产品文案内容 ············· 60

练习6：创建销售份额分布表 ·········· 61
练习7：创建销量对比图表 ············· 62
练习8：对化妆品数据表进行分析 ····· 63
练习9：计算产品出库数量 ············· 64
练习10：对员工考评成绩进行排名 ··· 64
练习11：抓取工业机器人整体数据 ··· 66
练习12：数据条直观对比业绩完成率 ··· 67
练习13：快速制作科技主题PPT ······ 68
练习14：战争题材Word 文档生成PPT ··· 69
练习15：创建历史学科类课件 ········· 69
练习16：制作公益活动类策划方案PPT ··· 70

第4章　图像创作大师
练习1：工笔画风格 ····················· 82
练习2：水墨画风格 ····················· 83
练习3：抽象表现主义风格 ············· 84
练习4：波普主义风格 ·················· 85
练习5：复刻张大千绘画风格 ·········· 86
练习6：复刻梵高绘画风格 ············· 87
练习7：古风少女肖像 ·················· 88

练习8： 冬日雪山仙境 …… 88	练习3： 神兽白泽降凡 …… 135
练习9： 魔法森林精灵 …… 89	练习4： 午后阳光里的猫 …… 137
练习10： 盲盒IP …… 90	练习5： 生成狐仙侠客角色 …… 139
练习11： 游戏场景：星际废墟 …… 91	练习6： 茉莉花香洗发水宣传视频 …… 142
练习12： 游戏人物：机械守护者 …… 92	练习7： 古今穿越之旅 …… 143
练习13： 去除商品背景 …… 93	练习8： 云朵之舟 …… 144
练习14： 去除水印 …… 94	练习9： 人物对口型视频 …… 146
练习15： 一键变清晰 …… 95	练习10： 生成旅游宣传视频片段 …… 151
练习16： 胶片感场景配色 …… 96	练习11： 萌兔烹饪视频片段 …… 154
练习17： 古风人物扩图 …… 98	练习12： 完善萌兔烹饪视频片段 …… 156
练习18： 老照片上色 …… 99	

第5章　数字音频编辑高手

第7章　AI代码编写助手

练习1： 纪录片语音转文字 …… 108　　练习1： 制作个人主页 …… 163
练习2： 为创作的故事配音 …… 110　　练习2： 美化个人主页 …… 164
练习3： 为创作的故事配乐 …… 112　　练习3： 增加个人网页交互 …… 167
练习4： 创作毕业之歌 …… 114　　练习4： 解读代码功能 …… 169
练习5： 有声书音频的合成 …… 116　　练习5： 添加代码注释 …… 171
练习6： 消除人声中的噪声 …… 119　　练习6： Python 数据分析 …… 175
练习7： 制作英文歌伴奏 …… 122　　练习7： 开发计算程序 …… 177
练习8： 模拟会议提醒广播 …… 124　　练习8： Python 数据抓取 …… 180

第8章　数字人虚拟主播

第6章　短视频创作达人

练习1： 制作天气预报口播视频 …… 188
练习1： 生成狐仙侠客角色 …… 131　　练习2： 制作产品营销策略播报 …… 195
练习2： 小猪的幸福时光 …… 132

AIGC

第 1 章
AIGC 知识速览

在当今数字化时代，AIGC正逐渐崭露头角，成为引领科技潮流的重要力量。从文字到图像，从音频到视频，AIGC展现出超越传统工具的创作能力。本章向用户简单介绍AIGC的基础知识，从人工智能与深度学习的关系，到AIGC在文本、图像等领域的核心应用场景，并进一步解析其背后的实现逻辑与技术奥秘。

1.1 人工智能与AIGC基础

人工智能是AIGC的核心支柱，而深度学习则为其提供强大的技术驱动力。本节将讲解人工智能的基本概念，揭示其与深度学习之间的密切关系，以及从人工智能到AIGC演进的关键节点。

1.1.1 人工智能的概念

人工智能（Artificial Intelligence，AI）是计算机科学的一个分支，旨在模拟和扩展人类智能，使机器能够像人类一样进行思考、学习和决策。它不仅尝试让机器完成复杂的逻辑任务，还试图赋予机器感知、推理、规划和语言理解等能力。

当使用语音助手（如小度、天猫精灵、小爱同学等）询问天气时，人工智能会通过语音识别技术将人们的问题转化为文本，再结合大数据和预测模型快速生成答案。这个过程中，人工智能不仅能识别语音，还能理解问题并进行精准回应，展现了人类智能的部分特征，图1-1所示是智能音箱。

图 1-1

本质上，人工智能就是一种技术，试图模仿甚至超越人类的智慧。它可以帮人类解决问题、提供建议，甚至能写文章、作曲或者画画。如今，它已经被广泛应用在生活的许多方面，让人类的生活更加便捷高效。

1.1.2 人工智能与深度学习的关系

人工智能的目标是模仿人类的思维方式，让机器可以理解、推理、学习和解决问题。而深度学习是人工智能的一种高级武器，属于"机器学习"的一个分支。例如在图片识别方面：机器学习是教机器识别图片的过程。比如，给机器识别很多猫的图片，机器慢慢就会学会通过毛发、耳朵、眼睛等特点来判断哪些图片是猫。而深度学习在教会机器识别图片的基础上，还要让机器模仿人类大脑的思维模式自行总结规律。

人工智能和深度学习的关系可从以下3方面去理解。

1. 深度学习是实现人工智能的方法

人工智能的最终目标是让机器像人一样聪明，而深度学习是实现这个目标的重要工具之一。

2. 深度学习让人工智能更强大

传统的人工智能方法需要人类为其制定明确的规则。例如告诉它如果A发生，就做B。但深度学习不需要明确规则，它可以自己从大量数据中总结规律，甚至解决人类不知道如何描述的问题。

3. 深度学习是人工智能的分支

深度学习只是人工智能中的一个分支，人工智能还包括如决策树、支持向量机等传统算法。但深度学习的表现尤为出色，特别是在图像识别、语音识别和自然语言处理（如聊天机器人）领域。

总之，人工智能是个"大目标"，机器学习和深度学习是实现这个目标的"方法"。深度学习是当前技术中最强大的一种，它让人工智能在处理复杂任务时表现得更加出色，如利用AIGC生成图片、写文章、生成视频等，这背后离不开深度学习的强大支持。

1.1.3 从人工智能到AIGC的演进

从人工智能到AIGC的全面发展，经过了5个主要阶段：人工智能的起点→机器自主学习→机器模仿人脑学习→生成式AI技术兴起→AIGC技术全面发展。图1-2为阶段演进示意。

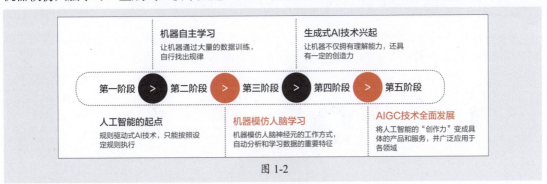

图 1-2

1. 人工智能的起点

最早的人工智能技术比较"死板"，它只能按照设定好的规则执行，这种技术叫作规则驱动式AI。如果规则较多，事情较复杂，那么机器根本就无法记录下来。于是人们开始研究如何让机器自己学会规则，这就进入第二个阶段。

2. 机器自主学习

让机器自主学习是一种更聪明的人工智能技术，它让机器通过大量的数据训练，自行找出规律。例如，训练让机器能识别出小狗的图片，就让它学习几千张小狗的图，然后它就能通过耳朵、眼睛、胡须等特征来判断哪些是小狗的图片。

但机器自主学习也有限制，它需要进行大量的数据训练才能工作，同时还需人为地给它设定一些规则，告诉它需要关注哪些重要特征，如"眼睛的形状"或者"耳朵的位置"，这样机器才会逐渐学会。

3. 机器模仿人脑学习

让机器模仿人脑学习（深度学习）是机器学习的一种突破性技术，它会模仿人脑神经元的工作方式（神经网络），让机器可以自动分析和学习数据中的重要特征。其优势在于，不需要人为给它制订规则，只要有足够的数据，它自己就能总结出相关规律。这一技术让人工智能开始在语音识别、图像识别、语言翻译等方面变得更强大。

4. 生成式 AI 技术兴起

随着深度学习技术的进一步发展，人工智能开始展示出惊人的能力。它不仅拥有理解能力，还具有一定的创造力。随之生成式AI技术开始兴起，这是人工智能演进的重要节点。该技术可以根据已有的数据生成全新的数据，如给出文字提示，机器就能自动生成一篇与之相关的文章，或者给出图像主题，机器就能画出相应的图像等。这些能力背后依赖于大规模的数据训练和深度学习模型，让AI具备了创作的潜力。

5. AIGC 技术全面发展

AIGC是生成式AI的一种具体表现。它将人工智能的"创作力"变成了具体的产品和服务。AIGC的诞生标志着AI技术从单纯的辅助工具进化成了主动创作的伙伴，并广泛应用于各个领域，如文章写作、短视频制作、图像设计等。

1.2 AIGC能做什么

AIGC能够自动产生多种类型的内容。下面从文本生成、图像生成、音频生成以及视频生成四个主要场景进行介绍，图1-3所示是AIGC四大场景应用示意。

图 1-3

1.2.1 文本生成

在文本生成领域，AIGC就像一位经验丰富的作家或助手，可以根据需求快速生成高质量的文章、报告、对话等内容。

- **文章创作**：根据用户提供的主题，AIGC可以生成新闻稿、故事、技术文章，甚至诗歌和小说。

- **宣传文案**：根据产品目标和受众特征，可快速生成符合品牌调性和市场需求的宣传文案。这些文案具有吸引力，能有效提升宣传效果。
- **对话生成**：能够根据用户的问题和需求，自动生成准确、专业的回复，提高客服的响应速度，降低企业的人力成本。
- **多语言翻译创作**：AIGC具备强大的多语言翻译能力，能够实现不同语言之间的无缝转换，并根据目标文化的特点进行跨文化创作，为全球化内容传播提供有力支持。

1.2.2 图像生成

在图像生成方面，AIGC能够根据文字描述或现有的图像生成全新的视觉内容，极大地拓展了创作的可能性，图1-4所示是利用AIGC工具修改原作品的风格。

图 1-4

- **绘画与插画**：艺术家可以利用AIGC技术获取创作灵感，或者直接生成艺术作品。通过输入描述性的关键词，系统可以生成具有独特风格的绘画、插画等。
- **设计与创意**：设计师可以使用AIGC技术快速生成Logo、海报、产品设计草图等，为创意工作者节省时间。
- **识别P图**：通过分析图像的特征、纹理、色彩、光照等信息，结合机器学习算法，能够识别出图像中的异常区域或不一致性，从而判断图像是否经过篡改。这一应用在新闻真实性验证、司法取证、版权保护等方面具有重要意义。
- **图像编辑与修复**：AIGC不仅能够生成全新的图像，还能对现有图像进行编辑、修复和增强。例如，提高画质、去除噪声等，提升图像的整体质量。

1.2.3 音频生成

在音频生成方面，AIGC可以创作音乐、配音，甚至模拟人声，为多媒体创作带来巨大便利。

- **音乐创作**：根据用户输入的风格、情感、节奏等要求，生成音乐作品。例如，快速生成背景音乐、配乐等，为音乐创作者提供新的创作方式和思路。
- **语音合成**：能够将文本转换为自然流畅的语音，应用于语音导航、有声读物、智能语音助手等场景。例如，手机上的语音助手就是通过语音合成技术，将文字信息转换为语音，与用户进行交互。
- **音效制作**：能够生成环境音效、特殊效果音等，为影视、游戏或广告提供音频素材。

1.2.4 视频生成

在视频生成方面，可以从零开始生成动态的视频内容，或对现有素材进行智能编辑，助力影视和短视频制作，图1-5所示是利用AIGC工具生成的视频画面。

图 1-5

- **视频剪辑**：可以自动对视频素材进行剪辑、拼接、特效添加等操作，提高视频制作的效率。
- **视频创作**：根据文本描述或其他输入信息，生成视频内容。
- **个性化定制**：可以根据用户需求，生成个性化定制的视频内容，如个性化视频贺卡、短视频等。

1.3 AIGC是如何实现的

AIGC的实现基于深度学习、自监督学习和概率预测等核心逻辑，通过训练大模型从海量数据中学习通用规律，并在用户输入提示后生成内容。而大模型的强大能力让AIGC成为高效的创作工具，同时也推动了内容产业的全面革新。

1.3.1 AIGC的核心逻辑

AIGC之所以能生成高质量的内容，其核心逻辑在于生成式人工智能模型。这种技术融合了多种先进算法和理论，最终实现从"理解"到"创作"的跨越。

1. 深度学习

深度学习是AIGC的基础。它通过构建类似人脑神经网络的结构，让AI能够处理复杂的非结构化数据（如文字、图片、音频等）。深度学习的核心在于神经网络的层次化：

- 每一层神经网络负责处理不同层级的信息，例如从基本特征（边缘、颜色）到高级语义（情感、结构）。
- 通过层层处理，AI能够从数据中提取多维度的特征，并根据上下文生成连贯的内容。

2. 概率预测

AIGC生成内容的过程实际上是一个概率预测的过程。

在文本生成过程中，模型会根据输入的提示词，预测下一个最有可能出现的词汇和句子。例如，输入"我要去菜场"，机器会根据语言模型预测下一句话可能是"去买菜"。

在图像生成过程中，模型会根据提示词预测最符合描述的像素分布，以逐步生成完整的图像。

这种预测能力使得AIGC可以生成高度逼真且符合逻辑的内容，而不是随机堆砌信息。

3. 自监督学习

早期人工智能技术需要人为标注数据，而现在的AIGC技术采用的是自监督学习，是一种更智能、更高效的学习方式。

模型通过对输入数据的部分信息进行遮挡或删除（如删除一段句子或遮挡部分图片），让机器尝试预测被遮挡的信息。这种方式类似于做"填空题"，帮助模型学会数据的内在结构和规律。由于不需要人工标注，机器可以利用海量的未标注数据进行训练，降低了成本，扩大了学习范围。

4. 大规模数据训练

AIGC的生成能力得益于在海量数据上的训练。数据包括来自互联网的文本、图片、音频、视频等，通过学习这些数据，模型建立起对人类语言、视觉、听觉等的全面理解。在训练中，模型不仅学会如何生成符合人类习惯的内容，还能泛化到未见过的场景，展现出创造性的能力。

5. Transformer 架构

Transformer是一种用于训练生成模型的核心算法架构，它解决了传统神经网络在处理长文本或复杂依赖关系时的瓶颈。采用"注意力机制"，可以智能地关注输入数据中最重要的部分。例如在生成文章时，它会特别关注用户的输入提示，确保生成的内容紧扣主题。此外，Transformer不仅效率高，还能很好地捕捉上下文关系，使生成的内容更连贯、更具逻辑性。

6. 多模态技术

多模态技术可以同时处理多种数据类型（如文字、图像、语音）。多模态模型能够综合分析提示词和图像样例。例如输入"画一只穿着靴子的猫"的提示词后，模型会结合语言和视觉信息，生成符合描述的图像。这种能力大大增强了AIGC的适应性，拓展了其应用场景。

1.3.2　AIGC如何学习和生成内容

AIGC的学习和生成过程可以分为两个主要阶段：训练阶段和推理阶段。通过这两个阶段，AIGC从海量数据中学习规则，并在实际应用中根据用户输入生成内容。

1. 训练阶段

训练阶段是AIGC模型构建的核心环节，它通过海量数据和算法的结合，使模型具备生成内容的能力。

- **数据采集**：收集大量文本、图像、音频、视频等数据作为机器学习的素材。
- **预处理与清洗**：在训练之前，数据需经过清洗和预处理，去除无关或低质量的内容。如清理掉重复信息、错误标注、低分辨率图像等。此外，数据会被转换为AI能够理解的格式（如将文本转为数字化编码），以便进行训练。

- **模型训练**：通过深度学习算法，模型反复分析数据中的模式和规律，从中学习生成内容的能力。在训练过程中，模型的内部参数（如神经网络的权重）会不断调整，以最大限度地提高对数据的理解和预测能力。

2. 推理阶段

推理阶段是AIGC在实际应用中生成内容的过程，它结合用户的输入和模型在训练阶段学习到的知识，快速生成符合需求的内容。

- **接收用户输入**：用户的输入（也称为提示词）是模型生成内容的基础。提示词可以是简单的一句话，也可以是更复杂的描述或指令。
- **模型处理**：机器会根据提示词，逐步预测每个可能的词组或句子，并生成连贯的段落。在图像生成过程中，机器通过逐步调整像素或色块，最终生成与提示词一致的画面。
- **生成结果**：内容生成后，将结果呈现给用户。结果可以是文章、图片、音频文件或视频片段，具体取决于任务需求。用户可以根据需要调整提示词，迭代生成内容，直到获得理想结果。

1.3.3 大模型概念与AIGC的关系

大模型是指一种超大规模的深度学习模型，它通常包含非常多的参数（亿级、百亿级甚至千亿级以上），并使用海量数据进行训练。大模型可以用来解决各种复杂的人工智能任务，如语言理解、图像生成和推荐系统等。例如像文心一言、讯飞星火、智谱清言等这样的聊天模型，就属于典型的大模型，图1-6所示是文心一言官网界面。

图 1-6

大模型具有规模庞大、通用性强以及多模态能力等特点。

- **规模庞大**：大模型拥有数十亿甚至数万亿个参数（参数是模型的"记忆单元"），它们通过复杂的计算，决定了模型对数据的理解深度和生成能力。这些大模型通常在海量、多样化的数据集上进行训练。这些数据可以涵盖从百科文章到社交媒体内容、从自然图片到艺术作品等多种形式，使得模型拥有跨领域的知识储备。
- **通用性强**：经过广泛训练后，大模型就具备了处理多种任务的能力。同一个语言模型可以用来撰写新闻、创作诗歌，甚至翻译语言。此外，大模型可以通过简单的微调适配各种应用场景。这种通用性大大降低了人工干预的成本。

- **多模态能力**：先进的大模型不仅能处理单一的数据类型（如文本），还能融合多模态数据（如文字和图像），实现跨领域生成。

大模型与AIGC的关系是密不可分的，大模型的技术进步直接决定了AIGC的能力和应用范围。

- 大模型为AIGC提供创作能力，如文本生成、图像生成、多模态生成。
- 大模型提升了AIGC的生成质量。大模型中的强大计算能力和海量参数，使得AIGC生成的内容更加自然逼真。
- 大模型推动了AIGC的创新应用。大模型的多模态能力使AIGC从单一的文本或图像生成扩展到更复杂的场景。

1.4 掌握与AIGC的互动技巧

要想生成的文字或图片符合需求，就必须掌握与AIGC交互的技巧，其中提示词的输入和优化是关键。下面对提示词的概念及使用方法进行介绍。

1.4.1 提示词的定义与作用

提示词是引导AIGC生成内容的文字描述，是用户与机器之间的沟通桥梁，其核心作用是向机器提供明确的指令或问题。让机器了解要回答什么或做什么。

提示词可以是一个简单的问题，一段详细的任务描述，也可以是一组指令，这取决于用户的具体需求。例如：

简单提示词：AIGC辅助办公的优势是什么？

详细的提示词：相比传统办公方式，AIGC技术如何具体提升办公效率，请举例说明。

通过提示词的详细程度，AIGC可以生成从简单回答到详细文章的内容。

在人机交互中，提示词的作用可概括为以下4点。

- **引导内容生成**。提示词决定了AIGC生成内容的方向和类型。例如，写一篇文章、生成一段代码、解释某个概念等，都是通过提示词完成的。
- **影响生成结果的质量**。明确的提示词可以让AIGC提供更精准、更符合需求的答案，而模糊的提示词可能导致结果偏离预期。
- **激发创意**。借助AIGC强大的生成能力，提示词可以帮助用户拓展思路，找到新颖的解决方案。如给出3个有趣的创意，适合年轻人在线推广咖啡的活动。
- **节省时间和精力**。使用清晰的提示词，可以快速获取信息或创作内容，无须从零开始思考。

1.4.2 提示词优化的方法

在人机交互中，提示词的质量会直接影响生成内容的质量。优化提示词不仅可以帮助机器更准确地理解用户的需求，还能提高生成内容的实用性和针对性，图1-7所示是优化方法的示意。

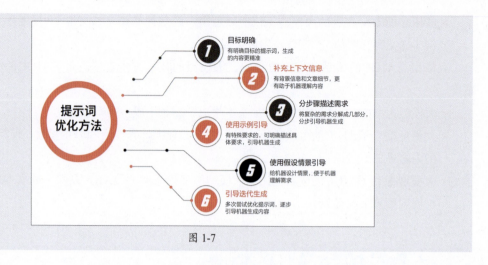

图 1-7

1. 目标明确

模糊的提示词会导致机器生成的内容偏离预期,而目标明确且具体的提示词可让机器更准确地满足用户需求。

初始提示词:请写一篇关于健康的文章。

优化提示词:写一篇500字以内的文章,文章内容要以介绍上班族保持健康的方法为主,使用轻松幽默的语气。

优化方法:

- 清晰表达目标,避免使用宽泛或含糊的语言,或者有歧义的词语。
- 提供关键要素,如目标受众、内容长度、写作风格等。

2. 补充上下文信息

在提示词中加入背景信息或额外细节,有助于机器更好地理解任务背景,从而生成更契合的内容。

初始提示词:请介绍一下人工智能的优点。

优化提示词:我是一名初中生,请用通俗易懂的语言介绍一下人工智能的三个主要优点:提高效率、降低成本和推动创新,500字以内即可。

优化方法:

- 提供相关背景信息或应用场景。
- 说明目标受众或具体限制条件。

3. 分步骤描述需求

对于较为复杂的需求,可以将其拆解成几部分,逐步引导机器完成。

初始提示词:请写一份关于××创业计划书。

优化提示词:(1)写一份××产品市场调研报告。

(2)设计一份××产品优势描述。

(3)根据以上××内容,制定一份详细的财务计划。

优化方法:

- 明确任务的结构或逻辑,并分步骤向机器说明。

- 如果要生成多个结果,需强调按序列或清单生成。

4. 使用假设情境引导

为提示词设计一个假设情境,使机器能更好地理解具体的任务需求。

初始提示词:如何提高团队协作?

优化提示词:假设你是一个团队经理,团队成员经常沟通不畅。请列出5个提高团队协作效率的方法,并说明实施时的注意事项。

优化方法:
- 为机器假设一个具体的场景或角色,以帮助机器有针对性地生成内容。
- 结合实际问题,构造任务背景。

5. 使用示例引导

如果对生成内容的格式有特殊要求,需在提示词中明确说明,或者添加类似范例予以说明,从而引导生成具有相同格式的文章内容。

初始提示词:介绍5条健康饮食的建议。

优化提示词:请以表格形式列出5条健康饮食的建议,并在每条建议后用一句话概括原因。例如:多吃蔬菜——蔬菜富含膳食纤维,有助于消化。

优化方法:
- 说明需要的结构、格式或呈现方式。
- 如需要生成多种结果,可要求AIGC用编号列出。

6. 引导迭代生成

如果AIGC生成的内容不符合用户预期,可通过优化提示词逐步调整需求,进行多次尝试。

初始提示词:写一段适合年轻女性的护肤品广告词。

优化提示词:写一段适合年轻女性的护肤品广告词,突出天然成分和抗衰老功效,语气优雅有吸引力。

优化方法:
- 指出首次生成内容的不足之处,并在提示词中补充具体要求。
- 使用后续提示词引导机器修正或补充内容。

1.4.3 各类提示词参考示例

下面归纳了多个领域常见的提示词范例,供读者参考使用。

【学习计划类】

- 为高中生设计一份高效学习方法指南,包含时间管理、记忆技巧和应对压力的方法,字数在300字以内。
- 制定一份备战大学英语四六级考试的学习计划,时间跨度为3个月,每周学习5天,每天安排2小时,需包含听力、阅读和写作的具体训练内容。
- 假设我是零基础,给我提供一份入门Python编程的学习指南,包含学习资源、练习建议和推荐的课程网站。

- 我想提高写作流畅度、词汇量和表达能力，请给我提供一些适合高中生的写作练习和指导。
- 列出5款适合学生的高效学习工具，并分别说明它们的功能和使用场景，例如笔记整理、时间管理或语言学习。
- 列举并详细说明10个可以提高学习效率的小技巧，例如使用番茄工作法或创建思维导图。
- 写一篇面向英语初学者的学习建议，内容包括如何记单词、提高口语能力和培养听力习惯。
- 写一篇关于暑期旅行的记叙文，请给我提供5条让故事更有趣的建议。
- 我打算去法国旅行，想了解一些法国美食的基本词汇，如面包、奶酪、葡萄酒等，请提供一些相关的单词或短语。

【生活建议类】

- 我想购买一套北欧风格的家居，请推荐3款性价比较高的家居品牌。
- 分享10个生活中省钱的小窍门。例如，如何在购物时获取折扣、优化水电使用、避免浪费食材等方法。
- 帮助上班族设计一个简单的健康管理计划，包含饮食习惯、每周锻炼建议（3次30分钟有氧运动）和作息调整方案。
- 设计一份适合四口之家的春节活动安排，包括美食制作、装饰房间、家人互动小游戏等。
- 列出5种适合上班族的健康便当食谱，要求食材简单、做法快速，并注明每道菜的营养价值。
- 为厨房新手提供5条基本的烹饪技巧。例如如何正确切菜、选择调料，以及防止食物糊锅的方法。
- 推荐5道简单易做的家常菜，适合厨房新手尝试，每道菜的制作时间不超过30分钟，并提供详细的食材和步骤说明。
- 为小户型设计一份房间清洁与收纳指南，包括如何高效整理衣物、书籍，以及清洁厨房和浴室的实用技巧。
- 列出5种适合朋友的生日礼物创意，价格为50~200元，需包含说明为什么适合送朋友。

【职业规划类】

- 我是一名计算机科学专业毕业的大学生，请提供3个可发展的职业方向并说明理由。
- 我是一名刚入职的职场新人，需制定一个3年职业规划，包括技能提升、工作目标设定以及如何积累行业经验的建议。
- 撰写一篇求职面试的准备清单，涵盖如何研究公司信息、准备面试问题和优化个人简历的具体步骤。
- 列出5种提高职场沟通能力的方法，并结合实际场景，说明如何将这些技巧应用到工作中。
- 我是一名希望从零售行业转型到互联网行业的30岁职场人士，请为我设计一份技能学习计划，包括推荐的在线课程和学习资源。
- 我是软装设计师，考虑进入建筑设计领域，请写一篇行业前景分析报告，包括当前趋势、未来发展方向和所需核心技能。
- 为一名计划创业的年轻人提供创业初期的建议，涵盖如何选择创业方向、寻找资金支持和制定商业计划。

- 设计一份适合团队管理者的软技能提升计划，内容包括如何提高领导力、解决冲突的能力，以及激励团队的方法。

【商务写作类】

- 为一家科技公司撰写一封正式的商务合作邀请邮件，邮件内容需包含合作意向、公司简介和下一步沟通方式。
- 帮我撰写一份针对投资人的商业计划书概要，需包含项目背景、市场分析、盈利模式和融资需求，字数控制在800字以内。
- 撰写一份公司例会的会议纪要，包括会议时间、参与人员、讨论议题、决策内容和后续工作安排。
- 撰写一篇关于国内咖啡市场现状的分析报告，需包含市场规模、消费趋势、主要竞争者和潜在机会，字数控制在1500字左右。
- 为一款智能家居产品撰写产品介绍文案，需包含产品功能、用户场景、独特卖点，以及购买链接。
- 撰写一篇公司内部通知，告知全体员工即将实施的远程办公政策，需包含政策实施日期、工作要求和技术支持方式。
- 为一家食品企业撰写一篇针对食品质量问题的危机公关声明，需语气真诚，明确表态并给出解决措施。
- 撰写一份项目总结报告，回顾一下市场推广活动的目标、执行过程、成果分析（如数据指标）和经验教训。

【商务社交类】

- 撰写一篇关于商务场合中必备的社交礼仪指南，包括握手、名片交换、着装和沟通的注意事项。
- 帮助一位初创企业家设计一份社交媒体个人品牌管理策略，内容需包括如何发布专业内容、与潜在客户互动，以及提升影响力的方法。
- 撰写一份商务小型聚会的组织方案，包括活动主题、场地选择、邀请嘉宾及互动环节安排。
- 我第一次参加行业峰会，请提供一些关于如何在会议中进行有效沟通和自我介绍的建议和指导。
- 提供10个适合商务场合的开场白示例，用于与陌生人建立初步联系，语气需自然亲切。
- 为一次商务会面之后的继续沟通设计一封邮件模板，需包含感谢、对会议内容的简要总结，以及下一步的合作计划。
- 撰写一份商务宴请的全流程指南，需包括如何选择餐厅、邀请嘉宾、席间交流的注意事项，以及结束时的礼节。

【教育教学类】

- 为小学五年级数学课程设计一份教学计划，主题为分数的加减法，需包括教学目标、教学重点和课堂活动。
- 设计一项适合初中英语课堂的趣味互动活动，帮助学生练习日常对话，活动时间为20分钟。

- 撰写一篇关于如何高效复习初二历史课程的指导文章,包含记忆方法、时间分配和资源使用建议。
- 提供5条有效的课堂管理策略,适用于中学教师应对学生注意力分散的情况。
- 为班主任设计一封家长会邀请函模板,语气需亲切且正式,并明确说明会议时间、地点和主要议题。
- 撰写一篇关于如何帮助小学生克服考试焦虑的文章,需包含心理引导、家长支持和教师干预的具体方法。
- 列出5款适合小学教师的课堂教学工具(如在线白板或学习平台),并说明每款工具的特点及适用场景。
- 为小学三年级设计一节跨学科教学课,主题为"植物的生长",结合科学知识与绘画活动。
- 为初中语文课程设计一份教学评估方案,需包括评估形式(如测试、作文)、评价标准和反馈方式。

【育儿指导类】

- 设计一份针对2岁幼儿的早教计划,重点培养语言表达能力和社交技能,需包括具体活动和方法。
- 推荐5个适合周末在家进行的亲子互动游戏,需简单有趣,并能促进3~6岁儿童的动手能力和创造力。
- 提供5种有效的方法,帮助应对4岁儿童的发脾气行为,需包括语言引导和情绪安抚策略。
- 如何帮助1岁宝宝建立规律睡眠习惯?内容包括睡前仪式、环境布置和安抚技巧。
- 为5岁儿童设计一周的健康饮食计划,需涵盖早餐、午餐、晚餐和小零食,并确保均衡营养。
- 提供5条建议,帮助7~10岁儿童培养学习兴趣,需结合实际例子,说明如何在日常生活中激发好奇心。
- 撰写一篇关于如何通过高质量陪伴增进亲子关系的文章,需提供具体建议并结合家庭日常场景。
- 设计一套适合6~8岁儿童的情绪管理教育方法,包含情绪识别、表达以及处理的具体步骤。

1.5 AIGC的行业应用

AIGC技术在多个行业展现了它强大的应用潜力和实际价值,不仅提高了人们的工作效率和生产力,还推动了各行各业的创新和发展。

1.5.1 教育与培训

AIGC技术正在深刻改变教育与培训行业的运作模式,不仅能为学生提供个性化、沉浸式的学习体验,也能大幅提升教师的工作效率与教学质量。图1-8所示是AIGC教学应用场景示意。

图 1-8

1. 个性化学习内容生成

传统教育模式往往以班级为单位，难以满足每个学生的个性化需求。AIGC技术能够根据学生的学习水平、兴趣爱好和学习目标，生成专属的学习内容。

- **个性化题库与练习**：根据学生的薄弱环节生成定制化的练习题，例如，针对数学中的某个难点生成梯度化的习题，让学生逐步攻克难题。
- **动态课程调整**：通过分析学生的学习数据，AIGC可以实时调整课程内容和进度，确保学生始终保持适宜的学习节奏。
- **多样化学习资料**：AIGC可以为学生生成不同形式的学习资源，如文字讲解、可视化图表、视频教程等，帮助学生多角度理解知识。

2. 智能化教学助手

AIGC支持构建虚拟教师和智能教学助手，为学生提供个性化的辅导方式。

- **实时答疑解惑**：学生可以通过对话式提问获得即时解答，无须等待人工回复。无论是数学公式推导还是文学作品赏析，AIGC都能提供细致的解读。
- **虚拟课堂场景模拟**：AIGC可以生成虚拟课堂，与学生进行互动。例如，在历史课堂中可以模拟历史事件，让学生以第一视角体验情境，增强学习的趣味性与沉浸感。
- **语言学习助手**：通过生成互动式对话练习，AIGC能够帮助学生提高外语口语能力，例如模拟真实的商务对话或日常交流场景。

3. 教育资源高效生成

备课是教师工作中的重要环节，耗时费力。AIGC技术能够帮助教师快速生成各类教学资源。

- **课件与讲义制作**：输入课程主题后，AIGC可生成完整的PPT、讲义和教案。例如输入"初中物理-电路知识"，系统可以自动整理知识点、插入图表并制作PPT。
- **试卷与测评题库**：AIGC能够基于不同年级和学科生成多样化的试卷，包括选择题、填空题和开放性问题，并自动区分难易程度，适配不同水平的学生。
- **教学活动方案**：对于需要组织活动的场景，如科学实验课或主题班会，AIGC可以提供详细的活动方案，包括活动步骤、所需材料和时间安排。

1.5.2 媒体与内容创作

在多媒体时代，媒体与内容创作行业对高效、精准的个性化需求愈加迫切。AIGC技术的融入，不仅提高了内容生产效率，还为媒体行业的内容形式和传播方式带来了巨大变革。图1-9所示是AIGC文字内容创作场景示意。

图 1-9

1. 自动化新闻生成

AIGC能够基于实时数据和事件动态快速生成新闻稿。例如发生某新闻事件时，AIGC可提取关键信息并自动撰写出清晰、准确的新闻报道，为新闻媒体争取时间优势。对于较为冷门的主题，AIGC可以挖掘相关数据并生成长尾新闻内容，满足特定受众的需求，从而提升媒体平台的内容丰富度。

2. 创意文案内容生成

AIGC可以根据品牌调性和目标用户群体的特征，生成具有吸引力的广告文案、社交媒体内容和营销创意。通过分析用户数据，AIGC可生成针对不同用户群体的定制化广告内容。例如，根据用户的兴趣爱好生成视频广告或推荐产品文案，大幅提高广告转化率。

3. 多媒体内容创作

AIGC不仅能生成文章内容，还能快速生成高质量的图片、视频和音频内容。例如，为短视频平台生成高质量的配乐或为品牌设计宣传图，为媒体行业提供了全面的内容支持。此外，AIGC还支持生成互动内容，如虚拟对话、动态问答或游戏情节，广泛应用于互动广告和沉浸式媒体体验中，提升用户的参与感。

1.5.3 创意与艺术

AIGC的出现不仅提高了艺术家创作的效率，还打破了传统艺术创作的边界，提供了更多的可能性。图1-10所示是AIGC绘画创作场景示意。

图 1-10

1. 数字艺术创作

AIGC技术可以为艺术家提供创作灵感，并通过算法生成各种风格的数字艺术作品。无论是现代抽象艺术，还是经典油画风格，AIGC都能快速模拟并创作出视觉效果独特的图像。AIGC还能够通过风格迁移技术，将已有的艺术作品应用到其他图像上，从而创作出圈选的视觉效果。

2. 影视动画创作

AIGC可以根据给定的主题或情节，自动生成剧本、对白和情节发展。创作者只需要输入基本的情节概要，便能扩展成完整的剧本或故事线，为电影、电视剧、短片等创作提供支持。在动画方面，动画师能够快速生成动画角色、场景设定和动作序列，以提高创作效率。

3. 游戏设计开发

AIGC能够帮助游戏设计师生成各种游戏角色模型、道具以及游戏场景，大大缩短游戏设计的时间和精力，为创作者提供更多的创意选择，从而提升游戏的多样性和创新性。

1.5.4　企业智能化服务

在数字化时代，企业的运作效率和服务质量直接影响其竞争力。AIGC技术的引入，为企业智能化服务提供了强大的支持，帮助企业实现自动化、个性化和精准化的服务。图1-11所示是AIGC智能客服应用场景示意。

图 1-11

1. 智能客服系统

AIGC在客服领域的应用正在逐步代替传统人工客服系统，成为提升企业服务质量与效率的重要工具。通过自然语言处理（NLP）技术，AIGC能够生成自然流畅的对话内容，并实时理解和响应客户的多样化需求。

- **问题解答**：根据客户提出的问题，自动从知识库检索相关信息，并生成准确的答案。这种实时自动回应大大缩短了客户的等待时间，提升了客户满意度。
- **订单处理**：帮助客户查询订单状态、自动处理修改订单、退款申请等事务。通过与后台系统的集成，AIGC能够实时更新订单信息并提供反馈。
- **技术支持**：为客户提供解决方案，甚至可以自动分析故障原因并提供修复建议。通过不断的学习和优化，AIGC能够提供越来越精准的技术支持服务。

2. 商业决策支持

在商业决策方面，AIGC能够帮助企业管理者根据实时数据作出更精准的决策。通过数据挖掘、模式识别以及自然语言生成技术，可以自动生成市场分析报告、数据洞察和营销计划等，为企业决策提供依据。

- **市场分析报告**：从企业的历史数据和外部市场数据中提取有价值的信息，自动生成翔尽的市场分析报告。报告中不仅包含销售数据、用户行为分析，还能结合宏观经济走势，预测未来市场动向。
- **数据洞察与趋势预测**：通过大数据分析发现潜在的市场机会。例如，AIGC通过分析消费者行为和行业趋势，帮助企业识别新兴市场和增长潜力较大的产品类别。
- **营销计划生成**：结合市场分析报告，生成定制化的营销计划，包括广告创意、促销活动、渠道分布等。通过自动化的方式，帮助企业设计出符合目标客户群体需求的营销策略。

3. 业务文档自动化

在业务文档自动化方面，AIGC能极大地提高企业的文书工作效率。通过生成合同、报表、商业提案等常用文件，帮助企业快速完成常规性事务，减轻员工负担，并推动企业的数字化转型。

- **合同自动生成**：根据预设的模板和输入的参数，自动生成合同、协议等文件。不仅能帮助企业提高文件生成效率，还能保证文档的格式和内容符合标准。
- **报表自动生成**：从企业的业务系统中提取数据，自动生成财务报表、销售报告和运营报告等。
- **商业提案生成**：帮助企业自动撰写商业提案、项目计划书等文件。企业只需输入项目概要和要求，便能根据模板和历史数据自动生成符合要求的文案。

AIGC

第 2 章
文章写作小能手

　　文章写作已经成为日常工作和生活的重要组成部分。传统写作模式会耗费人们大量的时间和精力,而引入AIGC技术后,写作模式发生了彻底的改变。AIGC技术不仅提升了写作速度,还确保了内容的高质量,本章介绍AIGC技术在不同场景下的应用,让人们能够在繁忙的生活与工作中,轻松应对各种写作任务。

2.1 常见文本生成工具

AIGC文本生成工具是指利用人工智能技术自动生成文本内容的软件或平台。在国内，随着自然语言处理和机器学习技术的不断发展，AIGC文本生成工具已经变得日益智能和高效。表2-1所示为几种常用的文本生成工具。本章所用的生成工具以文心一言为主。

表2-1

工具	简　介
文心一言	由百度研发的知识增强型大规模语言模型。它具备与人对话互动、解答疑问、辅助创作的能力，同时能撰写文案、激发创意灵感。文心一言依托百度强大的技术实力和丰富的数据资源，能够生成高质量、符合用户需求的文本内容
豆包	出自字节跳动之手，是一款功能多样的人工智能助手。它提供写作助手、文章修改等与文本生成相关功能，还支持AI图片生成、小红书文案助手、AI漫画生成等多种功能。豆包应用广泛，能够大幅提升用户的内容创作效率
WPS AI	作为WPS Office的智能组件，WPS AI集成了智能文档写作等功能，支持AI写文章、AI改文章等，能够显著提升用户的写作效率和文档处理质量。WPS AI与WPS Office无缝集成，操作简便，适用于多种场景下的文档创作和处理
讯飞星火	科大讯飞推出的一款人工智能平台，提供强大的文本生成功能。通过结合自然语言处理等多项技术，讯飞星火能够理解用户语义，实现智能问答、智能推荐等功能，帮助用户快速生成所需的文本内容。此外，讯飞星火还广泛应用于智能家居、智能教育等多个领域
度加创作	面向普通用户的AI写作工具，其核心功能包括AI成文（图文合成和文字生成）等。度加创作工具降低了内容制作的门槛，提升了创作效率，成为商业领域中极为实用的文本生成工具。已有大量创作者借助其AIGC技术创作出丰富作品
ChatGPT	OpenAI的聊天机器人，具备高质量的自然语言生成能力、强大的文本理解能力、广泛的应用场景、可扩展性强、长文本处理能力、多语言支持、高效的推理速度、高度可定制化等特点，被广泛应用于智能客服、自然语言生成、文本生成、情感分析和语言翻译等多个领域

2.2 常规事务高效处理

在对日常事务的处理中，灵活使用AIGC技术可提升办公效率，优化文档质量。让人们在忙碌的工作中腾出更多时间，专注于更有价值的创作与决策。

2.2.1 言简意赅的通知书

通知书是应用文的一种，通常用于通知个人、企业、单位等的有关事宜，包括具体事项、要求等。它具有告知、提醒和执行的功能，确保接收者能够及时了解并遵循相关的指示或要求。

【练习1】制作企业录用通知书

下面以企业发出的录用通知书为例，介绍AIGC工具使用的具体流程。

打开文心一言（或其他AIGC工具），输入以下提示词：

> 公司名称：××科技有限公司
> 被录用人：章××
> 职位：软件工程师
> 入职时间：2025年6月2日上午9：00
> 公司地点：××市长横街区××大厦B座21层
> 公司联系方式：159*****021（陈经理）25***@qq.com
> 请根据以上提供的内容，拟写一份录用通知书，语气正式且专业。

内容生成如下。

录用通知书

尊敬的章××先生/女士：

您好！

经过我公司人力资源部门及技术团队的全面筛选与深入面试，我们非常荣幸地通知您，您已成功通过所有考核环节，被正式录用为××科技有限公司的一员，担任软件工程师一职。在此，我们向您表达最诚挚的祝贺与热烈的欢迎！

一、入职详情

（1）入职时间：请您于2025年6月2日上午9:00准时到达公司报到。

（2）公司地点：××市长横街区××大厦B座21层。

（3）报到所需材料：请携带本录用通知书、个人身份证件、学历证书、相关资格证书原件及复印件，以及近期免冠照片两张，以便我们为您办理入职手续。

二、岗位职责

作为软件工程师，您将主要负责以下工作：

- 参与软件项目的需求分析、系统设计、编码实现及测试工作；
- 遵循公司软件开发流程，确保软件质量；
- 协同团队成员，共同推动项目进展；
- 不断学习新技术，提升个人专业技能。

三、薪酬福利

公司将为您提供具有竞争力的薪酬待遇及完善的福利体系，包括但不限于基本工资、绩效奖金、五险一金、带薪年假、员工培训与发展机会等。具体薪酬福利细节将在您入职后由人力资源部门详细解释。

四、联系方式

如您对入职事宜有任何疑问或需要帮助，请随时与我们联系。

联系电话：159*****021（陈经理）

联系邮箱：25***@qq.com

我们坚信，您的加入将为××科技有限公司注入新的活力与智慧。在此，我们诚挚邀请您成为我们大家庭的一员，共同书写公司更加辉煌的未来篇章。让我们携手并进，共创美好明天！

此致

敬礼！

××科技有限公司
2025年5月15日

用户需审核生成的通知书内容，包括录用者姓名、岗位信息、入职详情等，以确保通知书内容准确无误。

【提示词拓展】

- 请帮我写一份关于××职位的录用通知书。
- 帮我写一份正式的录用通知，给新入职的销售代表，包含职位、薪资、入职时间及其他福利。
- 我需要一份友好而有温度的录用通知，给刚毕业的应届生。
- 写一份带有试用期要求的录用通知书，明确试用期时长和转正标准。
- 帮我写一份含有公司文化介绍的录用通知，给新员工一个良好的印象。

2.2.2 打造个性化的简历

简历是对个人成长经历、教育背景、工作经验、技能专长等进行有选择、有重点表述的一种个人事务类应用文，用于求职、升学、评奖评优等场合，便于他人快速了解求职者的基本信息和专业能力。

【练习2】制作个人简历

下面将利用AIGC生成一份应聘室内设计师的简历内容。

打开文心一言（或其他AIGC工具），输入以下提示词：

> 基本信息：李××，女，158*****456，应聘室内设计师。
>
> 教育背景：××大学，室内设计专业，本科学历，2024年毕业。
>
> 实习经历：在××设计公司担任设计师助理。负责绘制项目效果图。绘制的效果图曾多次得到主任设计师的高度认可。
>
> 专业技能：熟练掌握3ds Max、草图大师、Photoshop等软件。
>
> 证书：曾获得××室内设计手绘大赛 二等奖。
>
> 请根据以上提供的信息，生成一份室内设计师求职简历，语气正式。

内容生成如下（节选）

李××｜室内设计师求职简历

基本信息
- 姓名：李××
- 性别：女
- 联系电话：158*****456
- 求职意向：室内设计师

教育背景

2020.09 - 2024.06

××大学｜室内设计专业｜本科学历
- 系统学习了室内设计理论、色彩搭配、空间规划、材料应用等专业知识。
- 参与了多个校内设计项目，积累了初步的设计实践经验。

实习经历

2023.03 - 2023.12

××设计公司｜设计师助理
- 负责效果图绘制工作，确保设计方案的视觉呈现符合客户要求。
- 绘制的效果图多次得到了主任设计师的高度认可，有效支持了项目推进和客户沟通。
- 协助设计师进行材料选择、预算控制及施工现场的跟进，提升了综合设计能力。

……

继续输入提示词，让AIGC帮助优化简历内容：

你是一位资深的HR，请帮助我优化一下简历，使其更符合室内设计师岗位的招聘需求。简历内容如下：

基本信息

姓名：李××

性别：女

联系电话：158*****456

求职意向：室内设计师

教育背景

……

内容生成如下（节选）：

李××｜室内设计师求职简历

基本信息
- 姓名：李××
- 性别：女

- 联系电话：158*****456
- 求职意向：室内设计师

教育背景

2020.09 - 2024.06

××大学 | 室内设计专业 | 本科学历

- 系统学习了室内设计理论、色彩搭配、空间规划、材料应用等专业知识。
- 主持或参与了多个校内设计项目，包括住宅空间设计和商业空间规划，积累了实际设计经验。
- 毕业设计："现代极简风商业空间设计"荣获校级优秀毕业设计奖。

实习经历

2023.03 - 2023.12

××设计公司 | 设计师助理

- **效果图绘制**：独立完成多个项目的效果图绘制，视觉方案得到客户与团队的高度认可，推动项目高效落地。
- **项目支持**：参与材料选择与预算控制，协助完成施工现场协调，积累了实际设计实施经验。
- **成果突出**：优化的视觉呈现提升了客户满意度，所在团队成功签约两项新项目。
- ……

简历生成后，需要根据实际情况进行内容审核，以确保简历的真实性。此外，AIGC生成的简历仅为基本的格式，用户需将其复制到Word文档中进行简单的排版才可使用。

【提示词拓展】

- 你是一位专业的职业顾问，请根据室内设计师的岗位要求，告诉我如何在简历中突出个人技能与项目经验。
- 请帮我优化一下简历，并增加量化的表达，让简历更具体、更有说服力，同时让HR更直观地了解我的价值。
- 帮我撰写一段简历中的求职意向，用于应聘室内设计师。内容需突出专业背景、设计热情和对空间美学的追求，语气积极且贴合专业风格。
- 撰写一段个人简介，用于室内设计师简历。内容需包括专业背景、核心能力和职业目标，风格亲切但不失专业性，字数控制在80字以内。

2.2.3　条理清晰的工作总结

工作总结是对一定时期内的工作进行全面、系统、深入的回顾与分析，进而总结成绩、提炼经验、发现问题、提出改进措施并形成书面报告的过程。它旨在通过反思和评估，帮助个人或团队明确工作成效，识别改进空间，为后续工作提供参考和指导。

【练习3】制作销售部一季度工作总结

下面将利用AIGC工具生成一份第一季度销售部门的工作总结文档。

打开文心一言（或其他AIGC工具），输入以下提示词：

> 请根据以下提纲，生成一份2025年一季度销售部门工作总结。信息提供如下：
> 1. 引言
> 2. 业绩回顾
> - 销售额与目标达成情况
> - 客户拓展与维护
> - 市场占有率
> 3. 工作亮点
> - 团队协作与培训
> - 销售策略创新
> - 售后服务优化
> 4. 存在问题与不足
> - 市场敏锐度有待提高
> - 销售渠道拓展不足
> - 团队内部沟通要加强
> 5. 未来展望
> - 设定更高目标
> - 加强团队建设
> - 深化市场研究
> 6. 结语

内容生成如下。

2025年第一季度销售部门工作总结

1. 引言

随着2025年第一季度的圆满落幕，销售部门在充满挑战与机遇的市场环境中，继续秉持着"客户至上，创新驱动"的核心理念，致力于提升销售业绩与客户满意度。本总结旨在全面回顾一季度的工作表现，总结经验教训，为接下来的工作提供指导与参考。

2. 业绩回顾

（1）**销售额与目标达成情况**：在全体销售人员的共同努力下，我们一季度实现了总销售额××万元，较去年同期增长了××%，超额完成了季度销售目标的××%。这一成绩的取得，不仅得益于市场需求的回暖，更离不开每一位销售人员的辛勤付出与不懈努力。

（2）**客户拓展与维护**：上季度，我们成功拓展新客户××家，其中不乏行业领军企业，进一步拓宽了我们的市场覆盖范围。同时，通过定期回访、个性化服务及专业解决方案的提供，我们有效维护了与现有客户的良好关系，客户满意度达到了××%的新高。

（3）**市场占有率**：在激烈的市场竞争中，我们凭借优质的产品、专业的服务及灵活的市场策略，成功提升了市场占有率，较上一季度增长了××个百分点，为公司的长期发展奠定了坚实基础。

3.工作亮点

（1）**团队协作与培训**：上季度，我们加强了团队协作，通过定期的团队建设活动与专业培训，提升了团队凝聚力与专业能力。特别是在销售技巧、产品知识及市场分析方面，我们组织了多次内部培训，有效提升了销售人员的综合素质。

（2）**销售策略创新**：面对市场变化，我们积极创新销售策略，通过线上线下相结合的营销方式，拓宽了销售渠道，提高了销售效率。特别是利用大数据分析，我们精准定位目标客户群体，实现了精准营销，有效提升了销售业绩。

（3）**售后服务优化**：我们深知售后服务对于客户满意度的重要性，因此上季度重点优化了售后服务流程，缩短了响应时间，提高了服务质量。通过设立专门的售后服务团队，我们确保了客户问题的及时解决，进一步提升了客户忠诚度。

4.存在问题与不足

（1）**市场敏锐度有待提高**：尽管我们在市场上取得了一定的成绩，但面对快速变化的市场环境，我们的市场敏锐度仍有待提高。未来，我们需要加强对市场趋势的预判，及时调整销售策略，以更好地适应市场需求。

（2）**销售渠道拓展不足**：尽管我们尝试了多种销售渠道，但在某些区域和细分市场，我们的销售渠道仍然不够广泛。未来，我们将加大渠道拓展力度，寻找更多合作伙伴，以扩大市场覆盖范围。

（3）**团队内部沟通要加强**：在团队协作过程中，我们发现团队内部沟通仍存在不足。未来，我们将建立更加高效的沟通机制，确保信息的及时传递与共享，提高团队工作效率。

5.未来展望

（1）**设定更高目标**：基于一季度的良好表现，本季度我们设定了更加宏伟的销售目标。未来，我们将继续秉承"客户至上，创新驱动"的理念，努力提升销售业绩，为公司创造更大的价值。

（2）**加强团队建设**：我们将继续加强团队建设，通过定期的培训与活动，提升团队凝聚力与专业能力。同时，我们将关注团队成员的职业发展，为他们提供更多的成长机会与平台。

（3）**深化市场研究**：面对不断变化的市场环境，我们将深化市场研究，加强对行业趋势、竞争对手及客户需求的分析与预判。通过精准的市场定位与策略调整，我们将更好地把握市场机遇，提升市场竞争力。

6.结语

回顾过去，我们深感自豪；展望未来，我们信心满满。在未来的工作中，我们将继续发扬团结协作、勇于创新的精神，努力提升销售业绩与客户满意度。相信在全体销售人员的共同努力下，我们一定能够创造更加辉煌的业绩！

生成之后，用户需对其内容进行审核，也可继续输入提示词对这份总结进行优化。提示词输入如下：

> 您是一位公司的高层领导,请对上述销售部门的工作总结提出具体优化建议,并根据这些建议进行优化。

内容生成如下。

优化建议

1. 强化数据分析与反馈机制

- 建议在业绩回顾部分增加更详细的数据分析,如各产品线、各区域的销售增长率、利润率对比,以及客户反馈的具体数据分析。
- 建立一个定期的数据反馈机制,确保销售团队能够及时调整策略,响应市场变化。

2. 明确问题解决的优先级与行动计划

在存在问题与不足部分,建议为每个问题设定一个优先级,并制订具体的行动计划,包括责任人、完成时间等,以确保问题得到有效解决。

3. 加强市场敏锐度与创新能力

建议增加对市场趋势、竞争对手动态的监测频率,并设立创新基金,鼓励销售团队提出并实施创新销售策略。

4. 提升团队沟通与协作效率

- 引入更高效的团队协作工具,如项目管理软件,以提高内部沟通效率。
- 定期组织跨部门的沟通会议,确保销售团队与市场、产品等部门紧密合作,共同推动业务发展。

5. 强化人才培养与激励机制

在未来展望部分,建议增加对人才培养和激励机制的规划,如设立员工成长计划、绩效奖金制度等,以激发销售团队的积极性和创造力。

优化后的总结

2025年第一季度销售部门工作总结(优化版)

1. 引言

随着2025年第一季度的结束,销售部门在充满挑战的市场环境中,继续秉持"客户至上,创新驱动"的理念,致力于提升销售业绩与客户满意度。本总结旨在全面回顾一季度的工作表现,总结经验教训,并提出具体优化建议,为接下来的工作提供指导与参考。

2. 业绩回顾

销售额与目标达成情况:上季度,我们实现了总销售额××万元,较去年同期增长了××%,超额完成了季度销售目标的××%。具体来看,A产品线增长率最高,达到××%,而B区域市场表现最为强劲,增长率达××%。

客户拓展与维护:我们成功拓展新客户××家,客户满意度达到了××%的新高。通过客户反馈数据分析,我们发现客户对产品的性价比和服务响应速度最满意。

市场占有率:市场占有率较上一季度增长了××个百分点,特别是在C细分市场,我们取得了显著进展。

数据分析与反馈：我们建立了定期的数据反馈机制，确保销售团队能够及时调整策略。通过数据分析，我们发现D产品线在E区域的市场潜力巨大，计划加大投入。

3. 工作亮点

团队协作与培训：通过定期的团队建设活动与专业培训，我们提升了团队凝聚力与专业能力。特别是利用项目管理软件，我们提高了内部沟通效率，确保了信息的及时传递与共享。

销售策略创新：我们积极创新销售策略，如利用大数据分析进行精准营销，以及推出限时优惠活动，有效提升了销售业绩。未来，我们将设立创新基金，鼓励更多创新实践。

售后服务优化：我们优化了售后服务流程，缩短了响应时间，提高了服务质量。客户反馈显示，售后服务满意度较上一季度提升了××%。

4. 存在问题与不足及优化措施

市场敏锐度有待提高：尽管我们在市场上取得了一定的成绩，但面对快速变化的市场环境，我们的市场敏锐度仍有待提高。为此，我们将加强对市场趋势和竞争对手动态的监测，每周进行一次市场分析会议，确保销售策略的及时调整。

销售渠道拓展不足：在某些区域和细分市场，我们的销售渠道仍然不够广泛。为此，我们将加大渠道拓展力度，与更多合作伙伴建立合作关系，并设立专门的渠道拓展团队，负责具体实施。

团队内部沟通要加强：虽然我们已经引入了项目管理软件，但在实际操作中仍存在沟通不畅的情况。为此，我们将定期组织跨部门沟通会议，确保销售团队与市场、产品等部门紧密合作，共同推动业务发展。同时，我们将对项目管理软件的使用进行培训，提高团队成员的使用效率。

5. 未来展望

设定更高目标：基于一季度的良好表现，本季度我们设定了更加宏伟的销售目标。未来，我们将继续秉承"客户至上，创新驱动"的理念，努力提升销售业绩，为公司创造更大的价值。

加强团队建设：我们将继续加强团队建设，通过定期的培训与活动，提升团队凝聚力与专业能力。同时，我们将关注团队成员的职业发展，为他们提供更多的成长机会与平台，如设立员工成长计划、绩效奖金制度等。

深化市场研究与创新：我们将深化市场研究，加强对行业趋势、竞争对手及客户需求的分析与预判。通过精准的市场定位与策略调整，我们将更好地把握市场机遇。同时，我们将设立创新基金，鼓励销售团队提出并实施创新销售策略，以不断提升市场竞争力。

6. 结语

回顾过去，我们深感自豪；展望未来，我们信心满满。在未来的工作中，我们将继续发扬团结协作、勇于创新的精神，努力提升销售业绩与客户满意度。相信在全体销售人员的共同努力下，我们一定能够创造更加辉煌的业绩！

用户也可继续输入提示词来优化调整总结内容，直到满意为止。

【提示词拓展】

- 请利用销售数据（如销售额、客户数量、新客户增长等）来直观展示一季度的销售业绩。
- 请在工作总结中突出团队合作与个人贡献，分析各自对工作目标达成的影响，并提出进一步优化的建议。
- 请优化工作总结中关于目标达成与绩效评估的部分，确保数据准确、分析深入，并提出具体改进建议。
- 请在工作总结中增强问题与挑战部分的描述，提出更详细的解决方案，帮助未来工作顺利进行。
- 请优化总结中的语言表达，使内容更简洁、精准，避免冗长的描述和重复的信息。

2.2.4 创意无限的活动策划

活动策划方案是指为某一具体活动制定的详细计划和实施方案，目的是确保活动的顺利进行并达到预定的目标。它通常包括活动的背景、目标、预算、时间安排、人员分工、场地安排、宣传推广、风险预估等内容。一个完善的活动策划方案不仅能帮助活动组织者清晰了解每个环节的任务，还能有效指导活动的执行，确保各项工作按时按质完成，从而提升活动的效果和参与者的体验。

【练习4】制作年会活动策划案

下面利用AIGC工具撰写一份关于公司年会活动的策划方案。

打开文心一言（或其他AIGC工具），输入以下提示词：

> 请提供5个创意点子，用于年会场合。

内容生成如下。

> 当然可以！年会作为一年一度的公司盛会，旨在表彰员工、增强团队凝聚力、展望未来。以下是五个创意小点子，希望能为你的年会活动增添趣味与亮点。
>
> **1."年度回顾"时光隧道**
>
> 设置一条"时光隧道"，用照片墙、视频屏幕或投影展示公司一年来的重要时刻、团队活动、产品发布等。员工可以边走边看，感受公司一年来的变化与成长。
>
> **2.才艺大比拼**
>
> 鼓励员工提前报名参加，展示各自的才艺，如唱歌、跳舞、小品、魔术等。设立奖项以激励参与，让年会变成一个才艺展示的大舞台，促进员工之间的了解和友谊。
>
> **3.未来愿景墙**
>
> 准备一块大白板或电子屏幕，让员工写下对公司未来的期望、个人职业发展的目标或对公司的小建议。这不仅能让员工参与到公司的规划中，还能收集到宝贵的意见和建议。
>
> **4."年度最佳瞬间"摄影比赛**
>
> 提前通知员工，邀请他们提交过去一年中在公司拍摄的最有趣、最感人或最具创意的照片。在年会上展示这些照片并进行投票，选出"年度最佳瞬间"。

5."梦想成真"角色扮演游戏

员工可以选择自己梦想中的职业或角色进行装扮,如宇航员、电影明星、超级英雄等。通过角色扮演打破日常的职场界限,让员工在轻松愉快的氛围中展现不同的自我,促进团队的多样性和包容性。

……

提示词输入如下:

请根据以上第1、5点的内容,生成具体的项目玩法,用于年会活动场合。

内容生成如下。

游戏项目一:"时光穿梭机"——年度回顾寻宝

1.目的

通过寻宝游戏,让员工回顾公司一年来的重要时刻和成就,增强对公司的认同感和归属感。

2.玩法

- 提前准备一系列与公司年度重要事件相关的线索或谜题,这些线索可以隐藏在年会场地的各个角落,也可以是通过特定方式(如扫描二维码)获取。
- 将员工分为几个小组,每组发放一张"时光穿梭机"任务卡,上面列出需要寻找的线索或完成的任务。
- 各组需要在规定时间内,根据线索找到相应的"宝藏"(可以是与公司事件相关的纪念品、小礼品等),并在任务卡上填写答案或完成相应任务。
- 完成任务后,各组将任务卡提交给主持人,由主持人根据正确性和用时进行评分。
- 评选出获胜组,颁发奖品,并分享各组在游戏过程中的趣事和感受。

游戏项目二:"梦想成真"角色扮演秀

1.目的

通过角色扮演,让员工展现不同的自我,增强团队多样性和包容性,同时激发对未来的期待和梦想。

2.玩法

- 提前通知员工,邀请他们选择自己梦想中的职业或角色进行装扮,可以是电影角色、历史人物、未来职业等。
- 年会当天,设置"梦想成真"角色扮演秀舞台,让员工轮流上台展示自己的装扮和表演(可以是简短的演讲、小品、舞蹈等)。
- 观众可以投票选出"最佳装扮奖""最具创意奖""最受欢迎奖"等奖项。
- 获奖者将获得奖品,并有机会在年会上分享自己的梦想和未来的规划。
- 主持人可以引导观众和参赛者进行互动,如提问、猜谜等,增加游戏的趣味性和互动性。

这两个游戏项目不仅能让员工在轻松愉快的氛围中度过一个难忘的年会,还能促进员工之间的交流和了解,增强团队凝聚力和归属感。希望这些建议能对你的年会活动策划有所帮助!

提示词输入如下：

> 结合以上两个游戏项目，帮我写一份公司年会活动策划方案。年会主题为：梦想舞台，未来已来。年会时间为20××年1月26日14：00-21：00。年会地点：××酒店宴会厅。

内容生成如下。

公司年会活动策划方案

1.年会基本信息
- 主题：梦想舞台，未来已来
- 时间：20××年1月26日 14:00-21:00
- 地点：××酒店宴会厅

2.年会目的
- 回顾与庆祝上一年的成就，表彰优秀员工与团队。
- 增强员工间的沟通与协作，提升团队凝聚力。
- 激发员工对未来工作的热情与创造力，共同绘制公司发展新蓝图。

3.年会流程

1）开场与欢迎致辞（14:00-14:30）
- 内容：公司高层领导致开幕词，回顾过去一年的辉煌成就，展望未来发展蓝图。
- 地点：宴会厅主舞台

2）年度回顾视频/PPT展示（14:30-15:00）
- 内容：播放公司年度回顾视频或PPT，展示公司一年来的重要事件、项目成果、团队活动等。
- 地点：宴会厅主屏幕

3）茶歇与交流（15:00-15:30）
- 内容：提供茶点，鼓励员工自由交流，增进彼此了解。
- 地点：宴会厅休息区

4）游戏环节一："时光穿梭机"——年度回顾寻宝（15:30-17:00）

玩法：

……

目的：回顾公司一年来的重要时刻，增强员工对公司的归属感与认同感。

地点：宴会厅及指定区域

5）年度表彰环节（17:00-18:00）

内容：颁发年度优秀员工、最佳团队等奖项，表彰贡献与成就。

地点：宴会厅主舞台

6）晚宴准备与自由交流（18:30-19:30）

内容：员工入座，准备晚宴，提供轻松愉快的氛围，促进员工间的深入交流。

地点：宴会厅餐桌区

7）晚宴与游戏环节二："梦想舞台·角色扮演秀"（19:30-20:30）

玩法：
......

目的：展现员工多样性，激发对未来职业和生活的期待，增强团队凝聚力。

地点：宴会厅主舞台

8）未来展望与规划分享（20:30-21:00）

内容：公司高层分享未来一年的发展规划，鼓励员工为实现目标共同努力。

地点：宴会厅主舞台

4.年会准备事项

......

5.预算规划

......

6.预期效果

......

【提示词拓展】

- 请设计一个详细的年会活动流程，包括开场、主活动环节、互动环节、颁奖、结束等，确保活动有序进行。
- 请提供10个年会活动的主题方向。
- 年会节目有哪些创新形式？
- 如何设计团队挑战游戏？
- 年会结束后，如何评估活动效果？

2.3 商务社交精准表达

商务社交类的文档包含很多，较为常见的有邀请函、商务邮件、发言稿、祝贺信等。下面介绍如何在社交文档中利用AIGC工具来提升写作效率。

2.3.1 诚意满满的邀请函

商务邀请函是由企业或个人发出，旨在邀请他人参加某项商务活动、会议、展览、研讨会等正式场合的书面信函。常用于商务社交场合，具有正式、专业的语气，其目的是传达诚意、增强合作关系或促进商业交易。

【练习5】制作答谢会邀请函

下面将利用AIGC工具生成一份公司年终答谢会邀请函。

打开文心一言（或其他AIGC工具），根据需要输入以下提示词：

我要写一份公司年终答谢会的邀请函，需要向你提供哪些必要的信息？

内容生成如下。

> 为了帮助您撰写一份公司年终答谢会的邀请函，您需要提供以下信息。
> 1.公司基本信息
> - 公司名称。
> - 答谢会地址。
> - 答谢会日期和时间。
>
> 2.邀请对象
> 受邀嘉宾的具体名单或类别（例如：客户、合作伙伴、全体员工等）。
> 3.着装要求
> 请明确告知受邀嘉宾的着装要求（如正装、商务休闲、主题服装等）。
> 4.活动详情
> - 答谢会的主题或目的。
> - 活动形式（如正式晚宴、交流酒会、颁奖典礼等）。
> - 是否有重要的公司动态或成果分享。
>
> 5.RSVP信息
> 回复确认的方式（如电话回复、邮件回复等）。
> 6.特殊需求
> 如有任何特殊安排或注意事项（如停车场信息、交通指引、饮食偏好调查等），请一并告知。
>
> 有了这些信息，我就可以帮助您撰写一份结构清晰、信息完整的年终答谢会邀请函。请确保提供的信息准确无误，以便受邀嘉宾能够顺利参加您的答谢会。

根据实际情况，填充必要信息，提示词如下。

> 请根据我提供的信息，生成一份年终答谢会邀请函，语气正式且专业。信息如下。
> （1）公司名称：××建筑设计有限公司，答谢会地点：××市××酒店二楼宴会厅，答谢会日期和时间：20××年1月25日下午6：00。
> （2）受邀嘉宾：合作伙伴。
> （3）活动主题：感恩相遇，携手共进，活动形式：颁奖典礼+晚宴。
> （4）回复确认方式：邮件回复26****2@qq.com，回复截止日期：20××年1月15日。

内容生成如下。

【年终答谢会邀请函】

尊敬的合作伙伴：

您好！

值此辞旧迎新之际，××建筑设计有限公司特此向您发出诚挚的邀请，诚邀您参加于20××年1月25日下午6:00举行的年终答谢会。本次答谢会旨在回顾过去一年中我们携手走过的历程，表达我们对各位合作伙伴深切的感激之情，并共同展望未来的合作与发展。

活动详情如下：
- 公司名称：××建筑设计有限公司。
- 答谢会地点：××市××酒店二楼宴会厅。
- 答谢会日期与时间：20××年1月25日（星期三）下午6:00。
- 活动主题：感恩相遇，携手共进。
- 活动形式：颁奖典礼+晚宴。

在颁奖典礼环节，我们将对过去一年中表现卓越的合作伙伴进行表彰，以表达我们对您的感谢之情。晚宴期间，我们准备了精美的佳肴与精彩的节目，期待与您共度一个难忘的夜晚。

为确保活动的顺利进行，敬请您于20××年1月15日前通过邮件回复确认您的出席意向。回复时，请发送邮件至26****2@qq.com，并注明您的姓名、公司名称及出席人数。如有任何饮食偏好或特殊需求，请在回复邮件中一并告知，我们将尽力满足您的要求。

您的到来将是我们莫大的荣幸。让我们在美好的时光里，共同回顾过去，展望未来，携手开启更加辉煌的合作篇章。

期待与您相聚在××市××酒店！

此致

敬礼！

××建筑设计有限公司
联系方式
日期

内容生成后，用户需对其进行审核，以保证邀请函的完整性和准确性。

【提示词拓展】

- 请写一封年终答谢会的邀请函，活动主题是感谢员工与合作伙伴的贡献，强调××年会展望未来，活动时间是×月××日，地点在××宴会厅，特别安排包括员工表彰和幸运抽奖。
- 请为我创建一封简短、专业的年终答谢会邀请函，内容中提到员工的辛勤工作和公司未来的目标，时间定在2月15日下午6点，地点是公司大厦3楼宴会厅。
- 请生成一封年终答谢会的邀请函，主题是感谢员工和合作伙伴的支持，展望未来合作。
- 邀请函需要表达公司对员工和合作伙伴的感谢，强调此次活动是回顾和展望的重要时刻。

2.3.2 高效达成的沟通函

商务沟通函是商务活动中常用的一种沟通工具，该函件通常需遵循一定的格式和结构，以确保信息的准确、清晰和专业。商务函可分为商洽函、询问函、答复函、请求函、告知函，还有一些特定业务函件，如订货函、报价函、投诉函、索赔函等。

【练习6】制作合同续约商洽函

下面利用AIGC工具制作一份关于广告续约的商洽函。

打开文心一言（或其他AIGC工具），根据实际情况输入函件基本信息。提示词输入如下。

> 请根据我提供的基本信息，写一篇关于合同续约的商洽函。语气正式且专业。基本信息如下。
>
> 1.发函、收函信息
>
> 发函方：××广告有限公司，联系电话：1862*****89，邮箱256***6@qq.com。
>
> 收函方：××房地产开发有限公司，联系电话：1502*****01，邮箱686***8@qq.com。
>
> 2.合同基本信息
>
> 2024年5月签订《广告发布合同书》，有效期1年。
>
> 3.洽谈内容
>
> 贵司委托我司在××处广告牌上发布广告，广告自发布以来执行良好，并将于2025年5月6日到期。若有意续约，我们将给予同等条件下的优先续约权。请于2025年4月25日前来函确认，否则我们将认为贵司自动放弃续约。

内容生成如下。

> **关于《广告发布合同书》续约的商洽函**
>
> [公司信头，如××广告有限公司的Logo及地址等，此处省略]
>
> 日期：2025年4月10日
>
> 致：××房地产开发有限公司
>
> 地址：[具体地址，此处省略]
>
> 联系电话：1502**01
>
> 电子邮箱：686***8@qq.com
>
> 主题：关于《广告发布合同书》续约的商洽
>
> **尊敬的××房地产开发有限公司领导：**
>
> 您好！
>
> 首先，衷心感谢贵司在过去一年中对我司工作的支持与信任。自2024年5月双方签订《广告发布合同书》以来，我司严格按照合同要求，在××处广告牌上为贵司发布广告，并取得了良好的宣传效果。在此期间，双方的合作不仅加深了彼此的了解，也促进了业务的共同发展。
>
> 现合同将于2025年5月6日到期，鉴于双方合作愉快且效果显著，我司特此致函，就合同续约事宜与贵司进行商洽。根据合同条款及双方前期合作的基础，我司愿意在同等条件下给予贵司优先续约权。
>
> 为确保双方合作的连续性和稳定性，我们诚挚地邀请贵司考虑续约事宜，并请于2025年4月25日前通过书面形式（包括但不限于信函、电子邮件等）回复我司，明确表达贵司的续约意向及具体条件。如贵司在指定时间内未予回复，我们将视为贵司自动放弃本次续约机会。
>
> 在续约谈判过程中，我司将秉持开放、透明的原则，与贵司就合同细节进行深入沟通，

以期达成更加紧密、高效的合作关系。我们坚信，通过双方的共同努力，未来的合作必将取得更加丰硕的成果。

再次感谢贵司对我司的信任与支持！期待贵司的积极回复，并愿与贵司携手共创美好未来。

如有任何疑问或需要进一步沟通，请随时联系我司业务负责人，联系电话：1862**89，电子邮箱：256***6@qq.com。

此致

敬礼！

××广告有限公司

[公司授权代表签名，此处省略]

[公司盖章，此处省略]

用户需对函件内容进行审核，并将其内容复制到Word文档中，调整好函件的基本格式。

【提示词拓展】

- 请提供一份正式的广告合同续约函的模板。
- 请按照以上模板，写一份合同续约的商洽函。基本信息如下（略）。
- 请优化合同续约语言，使其更加专业，且具有说服力。
- 我要写一份合同续约函，请问我需要给你提供哪些必要的信息。

2.3.3 精彩绝伦的发言稿

发言稿是一种应用文体裁，主要用于在特定场合或会议上，由发言人用来阐述观点、传递信息或进行动员，承载着发言人的主要思路和讲话内容，确保发言能够有条不紊、清晰明了地进行。

常见的发言稿包括政治性发言稿（政府工作汇报、党代表发言等）、礼仪性发言稿（各类庆典、欢迎仪式等）、学术性发言稿（学术会、研讨会）、经济性发言稿（经济活动、商务会议等）和日常性发言稿（日常会议、座谈会）等。

【练习7】制作周年庆发言稿

打开文心一言（或其他AIGC工具），输入以下提示词：

> 您是公司一名销售部经理，需要在公司10周年庆典中进行5分钟的发言，您该如何组织语言。

内容生成如下。

> 尊敬的董事长、各位领导、同事们：
>
> 大家晚上好！在这个星光璀璨的夜晚，我们齐聚一堂，共同庆祝公司十周年的辉煌时刻。站在这里，我深感荣幸，也满怀激动，因为作为销售部经理，我有幸见证了公司从初创到壮大，从默默无闻到行业瞩目的每一个重要里程碑。

回顾过去

十年前的今天，我们的公司就像一颗初升的太阳，带着满腔的热情和对未来的无限憧憬，踏上了创业的征途。那时的我们，资源有限，但信念坚定。销售团队作为公司的先锋队，我们不畏艰难，勇于开拓，用汗水和智慧赢得了客户的信任和支持。从最初的几个订单，到如今与众多知名企业建立长期的合作关系，每一步都凝聚着我们团队的智慧和努力。

分享成就

在这十年里，销售部取得了令人瞩目的成绩。我们的市场份额逐年增长，客户满意度持续提高，品牌影响力不断扩大。我们成功开发了一系列创新产品，满足了市场的多样化需求，赢得了行业内外的广泛赞誉。更重要的是，我们培养了一支专业、高效、富有战斗力的销售团队，他们不仅是业绩的创造者，更是公司文化的传播者。

感恩同行

在此，我要特别感谢公司领导的英明决策和大力支持，是你们的信任和鼓励，让我们有了不断前行的动力。同时，我也要感谢每一位销售同事的辛勤付出和无私奉献，是你们的智慧和汗水，铸就了今天的辉煌。此外，我还要感谢我们的客户和合作伙伴，是你们的信任和支持，让我们得以在激烈的市场竞争中立于不败之地。

展望未来

展望未来，我们深知挑战与机遇并存。随着市场竞争的日益激烈，我们将继续秉承"客户至上、创新驱动"的发展理念，不断提升销售团队的专业素养和服务水平。我们将深化与客户的合作，探索新的市场领域，推动公司业务的持续健康发展。同时，我们也期待在公司的带领下，共同开启下一个十年的辉煌篇章。

最后，让我们携手并进，以更加饱满的热情和坚定的信念，迎接未来的每一个挑战和机遇。我相信，在大家的共同努力下，我们的公司必将迎来更加辉煌的明天！

谢谢大家！

【提示词拓展】

- 如何在发言结束时向员工和领导表示感谢？
- 请在发言稿中提供一段感人的结束语。
- 请给出一些激励员工的句子，帮助提升士气。
- 如何在发言中突出公司过去十年的发展历程？
- 请在发言稿中添加一些激励大家继续奋斗，迎接挑战的话语。

2.3.4 暖心独到的祝贺词

祝贺词是行政机关、企事业单位、社会团体或个人在喜庆场合对某人或某项已经取得成功的工作、事业表示祝贺的言辞或文章。主要用于国际交往、国内各种集会、宴会等场合。

【练习8】生成简短祝贺词

下面利用AIGC工具生成一篇用于毕业典礼的祝贺词。

打开文心一言（或其他AIGC工具），输入以下提示词：

> 我是一名小学校长，请为我提供一段简短的祝贺词，用于毕业典礼场合。语气要正式得体、积极向上、鼓舞人心。

内容生成如下。

> **尊敬的老师、家长，亲爱的同学们：**
>
> 大家好！
>
> 今天，我们齐聚一堂，共同见证这一激动人心的时刻——我们的毕业典礼。在此，我首先要向所有的毕业生表示最热烈的祝贺！你们在这片校园中汲取了知识、锻炼了能力，今天，你们站在了人生的新起点上。
>
> 亲爱的同学们，毕业不仅是一个阶段的结束，更是新征程的开始。未来的道路充满了挑战，但也充满了无限可能。希望你们带着在这里学到的知识与品格，勇敢追梦、追求卓越，成为有理想、有担当的社会栋梁。
>
> 感谢所有老师的辛勤耕耘，感谢家长们的支持与陪伴，正是你们的无私奉献，让我们的毕业生们能够在这里茁壮成长。未来，我们期待你们每一位都能在更广阔的舞台上闪耀光芒。
>
> 祝愿毕业生们前程似锦，勇敢追求梦想，早日实现自己的理想！
>
> 谢谢大家！

【提示词拓展】

- 请写一份适合小学校长在毕业典礼上发表的祝贺词。
- 为小学毕业典礼写一段简短又鼓舞人心的祝贺词。
- 请写一份祝贺学生升入中学的演讲稿。
- 为校庆活动写一段简洁又有感染力的祝贺词。
- 写一篇表彰运动员精神并激励全体师生的祝贺词。

2.4 日常生活随心记录

AIGC不仅能在职场中提升用户的工作效率，在日常生活中也能作为一个得力助手，帮助用户处理各类棘手问题。

2.4.1 信息丰富的旅游攻略

对于想要外出旅游，又没有具体目的地，同时也不会做旅游规划的人，可使用AIGC工具协助做选择。

【练习9】生成7天旅行计划

假设一家三口想趁暑假期间带孩子外出旅游,在放松心情的同时还能拓宽自己的视野和见识。但一直拿不定主意要去哪里,这时就可与AIGC进行交互,协助作出一份旅游计划。

> 你现在是我的私人助理,我有7天假期,请给我推荐3个历史文化名城,并且适合一家三口的旅游景点。

内容生成如下。

> 根据你有7天假期,并且希望选择历史文化名城,以下是3个非常适合一家三口旅游的历史文化名城推荐:
>
> **1. 西安(陕西)**
>
> 亮点:作为中国的古都之一,西安拥有丰富的历史遗迹和文化景点,是体验中国古代文明的最佳城市,适合对历史感兴趣的家庭。
>
> ……
>
> **2. 南京(江苏)**
>
> 亮点:南京是六朝古都,拥有深厚的历史底蕴。南京市内有丰富的文化景点和古迹,是了解中国历史的理想之地。
>
> ……
>
> **3. 洛阳(河南)**
>
> 亮点:洛阳是中国的八大古都之一,具有悠久的历史,是中国文化的发源地之一。洛阳有丰富的历史遗址和传统文化,适合一家三口的文化之旅。
>
> ……

> 以西安为旅游目的地,请帮我拟一份7天的旅游行程。

> 以下是以西安为旅游目的地的7天行程安排,涵盖历史遗迹、文化体验和当地特色美食,适合一家三口旅游。
>
> **第1天:抵达西安**
>
> 上午:抵达西安,前往酒店办理入住手续,休息并稍作调整。
>
> 下午:游览西安城墙。
>
> 西安古城墙是我国保存最完整的古代城墙之一,可以选择骑行或者步行环城,了解古城的历史布局。
>
> 晚餐:可以选择去回民街,品尝西安的地道小吃,如羊肉泡馍、肉夹馍、凉皮等。
>
> **第2天:兵马俑与华清池**
>
> 上午:前往兵马俑(大约1小时车程)。
>
> 参观世界著名的兵马俑遗址,了解秦始皇的历史和文化。
>
> 推荐活动:可以请导游讲解,增加对历史背景的了解,适合全家一起互动。
>
> 下午:游览华清池。
>
> 华清池是一处历史悠久的皇家园林,著名的"杨贵妃洗澡池"就位于这里,既能欣赏美

丽的景点，又能了解中国古代的皇家历史。

晚餐：在回民街附近享用晚餐，品尝更多西安特色美食。

第3天：大雁塔与大慈恩寺

……

请推荐3个酒店，要求离这些景点较近，且性价比较合适的经济型酒店。

以下是三家性价比高、离西安主要景点较近且适合家庭入住的经济型酒店推荐。

1.××连锁酒店西安钟楼店

位置：位于西安钟楼附近，靠近钟楼、鼓楼和回民街，步行即可到达这些景点，方便游客游览。

特点：作为知名的经济型酒店，××连锁酒店提供干净、舒适的住宿环境，价格亲民，设施齐全，适合预算有限的家庭入住。

适合景点：钟楼、鼓楼、回民街、陕西历史博物馆等。

价格范围：约××～××元/晚。

推荐理由：地理位置极佳，性价比高，周边有许多餐饮和购物选择，适合一家三口的短期住宿。

2.××酒店西安钟楼店

……

有哪些西安的特色美食可以推荐？

西安作为我国的历史文化名城，不仅拥有丰富的文化遗产，还有着非常独特的美食文化。以下是一些经典特色美食，值得一试。

1.羊肉泡馍

特点：羊肉泡馍是西安的代表性美食之一，由羊肉汤和手撕饼（馍）组成。汤底浓郁，羊肉嫩滑，搭配手撕馍一起吃，味道独特，吃上一口让人回味无穷。

推荐地点：回民街的老孙家羊肉泡馍，这是一家在当地非常有名的店。

2.肉夹馍

特点：肉夹馍可以看作西安版的汉堡，由炖得入味的肉夹在烤制酥脆的馍里，外焦里嫩，口感丰富。传统的肉夹馍一般用猪肉、牛肉或羊肉制作，也有特色的辣味和香菜口味。

推荐地点：回民街的秦皇肉夹馍，或者西安各大街头小吃摊，味道都不错。

……

如果是自驾游，按照以上的旅游行程，有哪些需要注意的地方？

自驾游西安是一个非常不错的选择，可以灵活掌控时间，随时停留观光并体验当地风情。在按照之前的7天行程安排的基础上，以下是一些需要注意的事项和建议，帮助你更顺利地进行自驾游。

1. 行前准备

租车或自驾车检查：确保你的汽车已经做过基本的检查（如刹车、轮胎、机油、电池等），特别是长途驾驶前，安全非常重要。如果是租车，确保租车公司提供的车辆手续齐全，车况良好。

……

2. 景点游览

合理安排行程：由于西安的历史文化景点较为集中，但也有一定的距离，建议合理安排行程，避免一天内把所有景点都排满。例如，你可以将大雁塔、陕西历史博物馆和大唐芙蓉园安排在同一天，而将兵马俑、华清池等较远的景点安排在其他天。

……

> 请结合以上旅游景点、特色美食、酒店住宿三方面，为我设计一份7天西安自驾游规划。

第1天：抵达西安 & 游览市中心

上午：抵达西安，取车后办理入住。

推荐住宿：××连锁酒店西安钟楼店，这家酒店位于西安的市中心，交通便利，附近有很多餐馆和景点。

下午：游览钟楼和鼓楼。

钟楼：参观西安的地标性建筑之一，可以登上钟楼欣赏市区全景。

鼓楼：距离钟楼非常近，可以一起游览，鼓楼是西安古老的城门之一。

晚上：回民街。这里是西安的美食聚集地，推荐尝试羊肉泡馍、肉夹馍、凉皮等地道小吃。

推荐餐馆：老孙家羊肉泡馍、回民街的小张凉皮。

住宿：回到××连锁酒店西安钟楼店，休息。

第2天：大雁塔 & 大唐芙蓉园

上午：大雁塔。参观西安著名的佛教建筑，可以登塔俯瞰西安市区。大雁塔周围有一个非常漂亮的园区，适合散步。

中午：大雁塔附近餐馆。可尝试一些本地的陕西小吃，如油泼面、灌汤包等。

下午：大唐芙蓉园。参观这个充满唐代文化气息的大型园区，可以欣赏到大唐的建筑风格和文化表演。

晚上：大唐芙蓉园灯光秀。这里每晚都有精彩的唐代文化灯光秀，展示盛唐的风貌。

住宿：继续入住××连锁酒店西安钟楼店，或者选择靠近大雁塔区域的××酒店西安大雁塔店。

第3天：兵马俑 & 华清池

……

【提示词拓展】

- 想了解一些××的历史文化，可以去哪里？
- 请例举5个××热门景点。
- 这些景点哪些需要提前预约门票？
- 去××景点参观，需要注意什么？

2.4.2 陶冶情操的诗歌艺术

以往，诗歌艺术对于普通人来说是望尘莫及的，没有文学积累无法写出优秀的诗歌作品。有了AIGC的助力后，普通人也可以顺利地进行诗歌创作，只需给出诗歌主题，就能生成符合规格的诗歌文体。

【练习10】生成一首现代诗歌

下面就以冬季为主题，利用AIGC工具来创作一首诗歌。提示词输入如下。

> 以描述冬季雪天的风光为主，创作一首现代诗，以表达作者对自然美景的赞美和对宁静生活的向往。

内容生成如下。

冬雪

雪花轻舞，从天际缓缓飘落，
银装素裹，世界一片洁白无瑕。
冬日的风，带着丝丝凉意，
却吹不散我对这雪天的热爱与痴狂。

雪地上的足迹，深浅不一，
是我与这宁静世界的对话与印记。
每一朵雪花，都是自然的馈赠，
它们轻轻触碰，便在我心中留下永恒的印记。

远处的山峦，被白雪覆盖，
宛如一幅淡雅的水墨画卷。
树枝上的积雪，闪烁着晶莹的光芒，
像是夜空中最亮的星辰，指引着我前行。

我在这雪天中漫步，
感受着大自然的呼吸与脉动。
心中涌动着对美的追求与向往，
仿佛在这一刻，我找到了心灵的归宿。

冬日的雪天，是如此宁静而美好，

它让我忘却了尘世的喧嚣与烦恼。

我愿化作一朵雪花，随风飘舞，

在这洁白的世界里，找寻属于自己的诗与远方。

【提示词拓展】

- 请以月光照耀下的古桥为主题，创作一首七言律诗。内容需营造出一种宁静而悠远的氛围。
- 请创作一首描绘春天田野风光的散文诗。
- 创作一首关于历史遗迹、古城或时间流逝的诗歌。内容可包含古城、遗梦等元素，以表达对历史的缅怀和对时间流逝的感慨之情。

2.4.3　八面玲珑的沟通话术

无论在职场还是生活中，高质量的沟通可赢得周围人的赞叹，并建立良好的关系。糟糕的沟通会导致内容表述不清，有歧义，从而引起不必要的误会。当用户不知该如何沟通时，可用AIGC工具生成一些优质的话术，以帮助自己进行有效沟通。

【练习11】生成解除误会的话术

例如，有时自己的一句玩笑话，让对方误以为你在嘲笑他，从而引发误会。像这种情况该如何与对方好好沟通，化解误会？用户可使用AIGC工具，让它来协助解决。

打开文心一言（或其他AIGC工具），输入以下提示词：

> 我的一句无心的玩笑话，让好友误以为我在取笑他，我该如何与他沟通，化解这场误会。请给我提供10个化解误会的沟通话术。

内容生成如下。

当一句无心的玩笑话被好友误解为取笑时，及时、诚恳且有效的沟通是化解误会的关键。以下是10个可能的沟通话术，你可以根据实际情况选择或调整。

1.直接道歉并解释

非常抱歉，我之前的玩笑话说得不对，完全没有冒犯你的意思。我只是想说个笑话，没想到会让你感到不舒服。

2.表达理解和同情

我能理解你可能觉得我在取笑你，换作是我，我也会感到不舒服。非常抱歉给你带来了这样的感受。

3.强调无意为之

那确实是一句无心的玩笑话，我完全没有恶意。希望你能理解，我不是有意要伤害你的。

4.寻求共同理解

我们之间的友谊对我来说很重要，我不希望因为一句玩笑话而产生隔阂。你觉得我们怎样才能更好地相互理解呢？

5. 提出解决方案

为了弥补我的过失,我们可以一起做些事情来增进感情,例如一起去看场电影或者吃个饭,你觉得怎么样?

6. 承诺未来注意

我会更加注意自己的言行,避免再发生类似的误会。希望你能给我一个机会来修复我们的关系。

7. 倾听对方的感受

我真地很想听听你的感受,你觉得我哪里做得不对,或者有什么我可以改进的地方?

8. 表达珍视友谊

我们的友谊对我来说非常珍贵,我不希望因为这点小事而失去你。希望你能给我一个机会来弥补我的过失。

9. 用幽默化解紧张

看来我的幽默感还需要再修炼一下,下次我一定先过过脑子再说话。不过说真的,我真地很在乎你,不希望因为这点小事而让你不开心。

10. 请求原谅

我知道你可能还在生气,但我真地希望你能原谅我。我会用行动来证明我的诚意和改变。

在沟通时,记得保持真诚和耐心,给对方足够的时间和空间来表达自己的感受。同时,也要准备好接受对方的反馈和意见,以便更好地理解和解决误会。

【提示词拓展】

- 我想向老师打听一下孩子最近在学校的表现,我该如何和老师交流。请给出10个关于这方面的沟通话术。
- 公司领导临时安排我周末陪他一起去打球,顺便拜访一下客户。但我周末已有其他安排,我该如何委婉的回复他?
- 好友最近被公司裁员,我如何安慰他?请提供一些这方面的沟通话术和建议。
- 节日期间收到领导发来的祝福信息,我该如何礼貌的回复他?

2.4.4 健康营养的烹饪技法

AIGC在烹饪领域也展现出了强大的能力,它拥有海量的菜谱数据库,用户可根据自己的需求搜索到心仪的菜谱。此外,AIGC可通过分析用户的口味偏好、健康需求以及现有食材,生成个性化食谱建议,并且能够提供实时的语音或文字指导,以帮助用户进行美食制作。

【练习12】制作个性化聚会食谱

例如,好友是山东人,要来家里做客,你打算自己下厨做几道地道的鲁菜以表示欢迎。

请推荐几道鲁菜,适用于家庭聚会的一些家常菜。

> 以下是几道适合家庭聚会的鲁菜家常菜,既能体现鲁菜的特色,又容易操作,非常适合家庭制作。
>
> **糖醋鲤鱼**
> 这道菜是鲁菜的经典代表之一,外焦里嫩,味道酸甜适中。鲤鱼清蒸后,表面刷上特制的糖醋酱,味道浓郁,色泽诱人。非常适合家庭聚餐,能够让大家一同享受其独特的风味。
>
> **德州扒鸡**
> 德州扒鸡色香味俱全,鸡肉鲜嫩多汁,外皮脆香。传统做法是将鸡肉调味后慢火炖制,味道鲜美,汤汁浓郁。作为家庭聚会的主菜,能迅速吸引大家的注意,适合多人共享。
>
> **扒三黄鸡**
> 鲁菜中的经典做法,选用三黄鸡,即黄壳、黄皮、黄毛的鸡种,将其扒至外皮金黄酥脆,内肉鲜嫩多汁。这道菜不仅美味,还有很高的观赏价值,适合家庭聚会时作为主菜。
>
> **锅塌豆腐**
> 锅塌豆腐是鲁菜中非常受欢迎的家常菜,外脆内嫩,口感丰富。采用嫩豆腐炸至金黄,再加入葱姜蒜、酱油等调料,味道鲜美,富有层次感。这道菜营养丰富,易做且人人喜爱。
> ……

> 好的,请推荐一个适合四人聚餐的菜单,包含"糖醋鲤鱼"和"锅塌豆腐"这两道菜。

> 以下是一个适合四人聚餐的菜单,包含糖醋鲤鱼和锅塌豆腐这两道菜,搭配一些其他的家常菜,既丰富又美味,适合家庭聚会。
>
> **四人聚餐菜单**
>
> **1.糖醋鲤鱼**
> 鲤鱼外酥内嫩,糖醋酱酸甜可口,带来丰富的口感层次,是聚餐的亮点。
>
> **2.锅塌豆腐**
> 经典的鲁菜之一,外脆内嫩,鲜香可口,豆腐的细腻口感搭配调料,十分开胃。
>
> **3.清炒时蔬(如炒韭菜、菠菜或青菜)**
> 一道清淡的蔬菜菜肴,平衡肉类和油腻,既健康又富有色彩,能给餐桌增添一份清新感。
> ……
>
> **配餐建议:**
> - 主食:搭配白米饭,可以很好地吸收菜肴的精华,增加饱腹感,尤其适合搭配红烧肉、糖醋鲤鱼等主菜。
> ……

> 我第一次做糖醋鲤鱼,请告诉我详细的食材准备、制作过程,以及有哪些需要注意的地方。

> 做糖醋鲤鱼虽然看起来有些复杂,但只要按照步骤来,成功的概率很高。以下是详细的食材准备、制作过程和注意事项。

食材准备（供4人份）

鲤鱼：1条（0.8～1kg）

姜片：3～5片

……

制作过程

1.准备鲤鱼

- 鲤鱼去鳞、去内脏，洗净后，在鱼身两侧各划几刀（这样便于入味和煎炸时更加均匀），鱼肚中加入适量盐和料酒腌制15分钟。
- 用厨房纸巾将鱼身拍干，避免炸鱼时溅油。

……

注意事项

1.鱼的处理

鱼要处理干净，特别是鱼鳞和鱼内脏。腌制的时候可以加点盐和料酒去腥味。

在鱼身两侧划刀时，不要划得太深，避免炸鱼时鱼身断裂。

……

【提示词拓展】

- 请推荐5个适合糖尿病人食用的菜谱。
- 有哪些家常菜适合初学者学习。
- 请告诉我××菜中的营养价值。
- 请推荐5个适合在家制作，孩子也爱吃的甜品。例如蛋挞、蛋糕之类。
- 你是一位营养专家，请推荐几个食谱，帮助一些爱挑食的孩子摄入全面的营养，确保均衡饮食，促进健康成长。

2.5 AIGC应用实战：吸睛的朋友圈文案

微信朋友圈是一个基于熟人社交的圈层化信息传播平台，为用户提供一个亲密的社交空间，让用户能够分享个人生活、表达情感、交流观点，并与亲朋好友保持紧密联系。

利用AIGC工具发朋友圈是一种新颖且高效的方式，它能够帮用户快速生成富有创意和吸引力的文案，使朋友圈更加生动有趣。

例如，想在朋友圈中分享最近阅读的心得体会，可以试着这样写提示词。

> 我想在朋友圈分享一些读书心得，该怎么写才能吸引别人关注呢？

在朋友圈分享读书心得时，要想吸引他人的关注，可以遵循以下几个建议，让你的分享既有趣味性又富有深度。

1. 引人入胜的开头

用一个引人入胜的开场白或一句书中的经典语录作为开头,激发朋友们的好奇心。例如:"'人生就像一本书,傻瓜们走马观花似地随手翻阅,聪明的人用心阅读,因为他知道这本书只能读一次。'——奥斯卡·王尔德的这句话,让我对《月亮与六便士》有了全新的理解。"

2. 个人情感共鸣

分享书中某个情节或观点如何触动了你,让读者感受到你的真实情感。例如:"读到《活着》中福贵经历的一次次失去,我不禁泪目,它让我深刻体会到,无论生活多么艰难,都要珍惜眼前人,活出生命的韧性。"

3. 提炼核心观点

简要总结书中的一两个核心观点或启示,让读者能快速抓住要点。例如:"《原则》教会我,建立清晰的生活和工作原则,是通往高效与成功的关键。它让我开始反思并优化自己的决策框架。"

……

请根据以上建议,并结合提供的文案背景,写一段吸睛的朋友圈文案。

文案背景:读三毛《撒哈拉沙漠》后有感。三毛以她独特的视角和细腻的笔触,描绘了在沙漠中生活的点点滴滴,既有与荷西之间温馨甜蜜的爱情故事,也有对沙漠原住民生活的深刻洞察。她笔下的撒哈拉,既荒凉又充满生命力,让人在感叹自然之美的同时,也开始反思现代生活的喧嚣与浮躁。

刚刚合上三毛的《撒哈拉沙漠》,心还沉浸在那片遥远而神秘的黄沙之中。三毛以她那双洞察世事的慧眼和细腻入微的笔触,为我打开了一扇通往异域的大门。

在这里,我看到了她与荷西之间温馨甜蜜的爱情,仿佛每一粒沙子都见证了他们不变的誓言。而她对沙漠原住民生活的深刻洞察,更让我感受到了人性的温暖与坚韧,即使在最荒凉的地方,生命也能绽放出最耀眼的光芒。

三毛笔下的撒哈拉,既荒凉得让人心生敬畏,又充满了无限的生命力,让人在感叹自然之美的同时,也不禁反思现代生活的喧嚣与浮躁。我们是否走得太快,以至于忘记了停下脚步,去欣赏身边的美好?

"撒哈拉的美,不在于它的荒芜,而在于它能让你找到自己。"这句话,轻轻地落在心里,久久不能平息。

第3章
办公效率专家

　　AIGC能够显著提高工作效率、增强创新能力,并提供个性化服务。通过自动生成文本、数据分析、生成演示文稿等内容,减轻办公人员在重复性工作中的负担,让员工能够将更多精力投入到关键任务中。本章对AIGC在文案撰写、数据处理与分析、演示文稿的创作等方面的应用进行详细介绍。

3.1 办公领域多元应用

随着人工智能技术的不断发展和完善,AIGC在各个领域和场景中发挥了重要作用。其中,在办公领域涵盖文档内容创作、表格数据分析、PPT生成、日常办公任务自动化,以及其他多个方面。

3.1.1 常用办公AIGC工具

常用办公AIGC工具集成了人工智能技术,能够自动生成文本、进行数据分析、创建PPT等。WPS AI、ChatGPT、文心一言等工具能极大地提高办公效率,成为现代办公不可或缺的一部分。在前面章节中已介绍了部分AIGC工具。除此之外,还有一些工具也很好用,如表3-1所示。

表3-1

工具	简 介
Kimi K	长文本处理的佼佼者,擅长处理超长文本,无论用户需要分析长文本还是网页,Kimi K 都能轻松应对,让工作更加高效
讯飞星火	科大讯飞公司推出的一款大模型产品,具备文本生成、知识问答、中英翻译、PPT 生成、逻辑推理等能力
智谱清言	以强大的自然语言处理能力为特色,适用于工作、学习和日常生活场景,为用户提供高效、准确、便捷的交互体验
秒出 PPT	一款高效的演示文稿制作工具,利用先进的自动化技术和丰富的模板库,让用户能够快速创建专业、精美的 PPT

3.1.2 提升文档撰写品质

大模型的智能写作工具,可为用户提供内容创意,辅助完成各类文章、报告、会议日程、新闻稿等内容的生成和修改,从而提高内容创作的效率和质量。

以下是AIGC工具在不同场景下生成文案的示例。

1. 生成产品宣传文案

输入提示词:

> 根据以下产品参数撰写一份宣传文案,强调产品的优势和特点,激发用户的购买欲望。700字左右。
> 产品名称:SmartFit 智能健身镜。
> 屏幕尺寸:43英寸高清触控屏。
> 摄像头分辨率:1080P高清摄像头,支持人脸识别与动作捕捉。
> 音响系统:环绕立体声音响,支持蓝牙连接。
> 健身课程:内置超过1000种专业健身课程,涵盖瑜伽、舞蹈、力量训练等。
> 智能互联:支持Wi-Fi连接,可与手机App同步,记录健身数据。
> 材质:边框采用航空级铝合金,镜面采用防刮擦高透玻璃。

内容生成如下。

标题：SmartFit智能健身镜，引领家庭健身新风尚

【未来健身，一触即享】

在忙碌的生活节奏中，你是否渴望拥有一个专属的私人健身房？SmartFit智能健身镜，以科技之名，重塑家庭健身体验，让健康生活触手可及。

【超清视界，沉浸体验】

43英寸高清触控屏，宛如一面神奇的镜子，却比传统镜面带来更多可能。无论是视频通话还是观看健身课程，清晰逼真的画面仿佛教练亲临现场，每一次锻炼都是视觉与心灵的双重享受。1080P高清摄像头，精准捕捉你的每一个动作细节，结合人脸识别技术，个性化训练方案即刻生成。

【环绕音效，动感十足】

环绕立体声音响系统，让你的每一次呼吸、每一个脚步都伴随着震撼人心的音乐节拍。蓝牙连接，轻松播放你喜爱的曲目，让运动不再是孤单的旅程，而是身心共鸣的盛宴。

【丰富课程，专业定制】

内置超过1000种专业健身课程，从瑜伽到舞蹈，从力量训练到心肺功能提升，无论您是初学者，还是资深健身爱好者，都能找到适合自己的课程。每种课程都由专业教练精心设计，帮助您达到最佳的锻炼效果。

【智能互联，数据同步】

支持Wi-Fi连接，无缝对接手机App，每一次的努力都被精准记录。从卡路里消耗到运动时长，从心率变化到体态调整，所有数据一目了然，让你的进步有迹可循，激励你不断前行。

【高端材质，品质保证】

航空级铝合金边框，轻盈而坚固，不仅提升了整体质感，更确保了长久使用的稳定与安全。防刮擦高透玻璃镜面，即使频繁使用也能保持光洁如新，每一次触碰都是对品质生活的致敬。

SmartFit智能健身镜不只是一面镜子，它是你的私人健身教练，你的健康管理专家，更是你生活中的艺术装饰。现在就让我们一起，开启智慧健身新篇章，遇见更好的自己！

2. 撰写产品发布新闻稿

输入提示词：

> 请为SmartFit智能健身镜产品发布会撰写一篇新闻稿。提供产品发布日期、地点及主要活动亮点，概述产品的主要特点和创新功能，简述与市场上主要竞争对手的区别和优势，概述发布公司对未来智能健身市场的看法，新闻稿的语气正式、引人入胜。

内容生成如下。

SmartFit智能健身镜盛大发布，开启家庭健身新时代

20××年5月30日，××市——今日，SmartFit智能健身镜在××市国际会议中心盛大发布，标志着智能健身领域迎来了一次革命性的创新。此次发布会吸引了众多健身爱好者、科技媒体和行业专家的参与，共同见证了这款集人工智能、大数据和物联网技术于一体的智能健身设备的首次亮相。

本次发布会亮点纷呈，开场即由SmartFit公司CEO发表了激动人心的致辞，详细介绍了智能健身镜的研发历程和市场前景。随后，一场精彩的现场演示让参会者亲身体验了SmartFit智能健身镜的独特魅力。演示中，智能健身镜根据用户的身体状况和健身目标，提供了个性化的健身计划和指导，并通过实时监测用户的运动数据，如心率、消耗卡路里等，实时调整课程难度和内容，确保用户获得最佳的锻炼效果。此外，智能健身镜还集成了游戏化元素，将健身变成了一种有趣的游戏体验，进一步激发用户的运动热情和动力。

SmartFit智能健身镜的主要特点和创新功能令人瞩目。它不仅提供多种健身课程，如瑜伽、普拉提和有氧运动等，还能够根据用户的身体状况、运动偏好和健身目标，提供个性化的健身教学。内置的多种健身模式选择，使得用户可以根据自己的需求轻松选择适合自己的课程。同时，智能健身镜还具备人体识别、动作纠正和数据分析等功能，确保用户在锻炼过程中保持正确的姿势，避免因错误动作导致的运动伤害。

与市场上的主要竞争对手相比，SmartFit智能健身镜在多个方面展现出了明显的优势。首先，SmartFit智能健身镜在用户体验方面下足了功夫，其高清晰度、大屏幕和互动性强的设计，使得用户在使用过程中能够获得更加沉浸式的健身体验。其次，SmartFit智能健身镜在个性化定制方面表现出色，能够根据用户的身体状况和健身目标提供智能化的推荐，从而满足用户多样化的健身需求。此外，SmartFit智能健身镜还支持在线社交互动和健身社区交流，使得用户可以在健身的同时结交志同道合的朋友，共同分享健身的乐趣和成果。

……

本新闻稿旨在提供SmartFit智能健身镜产品发布的相关信息，确保内容真实、客观、公正和准确。SmartFit公司保留对新闻稿内容的最终解释权。

3.1.3 提高数据处理效率

在表格数据处理分析领域，AIGC技术也能发挥重要作用。这类技术能够高效地处理和分析海量的表格数据，自动完成数据的提取、清洗和转换工作。同时，借助先进的算法和模型，这些工具能够对数据进行深度挖掘和分析，揭示数据中的潜在规律和趋势，从而为企业的决策提供有力的数据支持。

以下为使用AIGC工具进行表格数据分析的示例。

1. 生成员工基本信息报表

AIGC可以辅助企业员工自动生成各类报表，如财务报表、销售报表等，减少人工输入和计算的错误率，提高工作效率。例如，发送如图3-1所示的基础数据，以及表格制作要求，生成的Excel表格效果如图3-2所示。

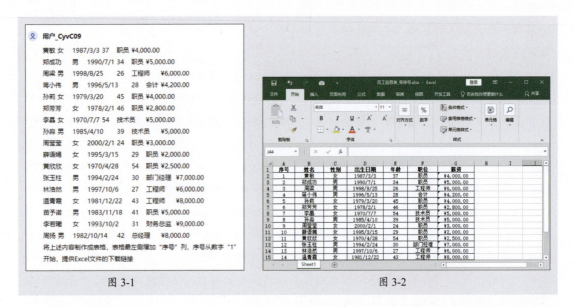

图 3-1   图 3-2

2. 智能数据分析

AIGC可以与Excel等表格软件结合，实现数据的智能分析，包括数据的筛选、分类、统计等，从而提高数据分析的效率和准确性。

延续图3-1中的对话，继续输入提示词：

> 将所有"工程师"的信息单独提取出来。

内容生成如图3-3所示。

3. 图表生成

AIGC可以根据数据自动生成图表，帮助用户更直观地理解数据。这不仅可以节省用户制作图表的时间，还可以提高图表的专业性和准确性。

延续图3-1中的对话，输入提示词：

> 计算不同职位的平均薪资，用计算结果生成一张柱形图。

内容生成如图3-4所示。

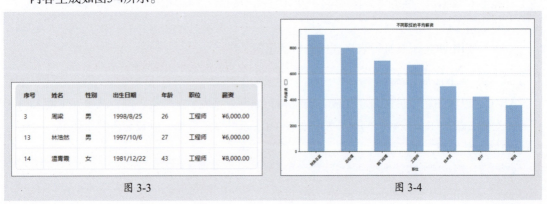

图 3-3   图 3-4

3.1.4 智创PPT整体方案

通过先进的AIGC技术，用户仅需输入标题或相关提示词，便能迅速生成精美且富有设计感的PPT，同时支持在线修改和一键更换模板等功能，极大地提升了PPT制作的效率和品质。

以下为使用AIGC工具生成各类场景的PPT文档示例。

1. 生成商务礼仪培训 PPT

输入提示词：

> 请以"企业商务礼仪培训"为主题生成一份PPT，旨在全面培养并提升员工的商务礼仪素养。

PPT的生成效果如图3-5所示（节选）。

图 3-5

2. 生成科技主题 PPT

输入提示词：

> 请以"人工智能与未来工作"为主题生成PPT。探讨AI如何改变职场环境，自动化对就业的影响，以及人类与AI的协作未来。

PPT的生成效果如图3-6所示（节选）。

图 3-6

3. 生成主题教育PPT

输入提示词：

> 以"唐诗宋词的艺术魅力与教育启示"为主题生成PPT，探讨唐诗宋词中的哲理思考、情感表达，以及将唐诗宋词融入现代语文教学的策略。

PPT的生成效果如图3-7所示。

图 3-7

3.2 灵感激发与文案速撰

先进的人工智能技术能在短时间内快速生成大量文案，并根据需求提供多样化的创作风格和思路，同时利用算法和数据分析挖掘创意灵感，生成前所未有的创意内容，为文案创作者提供精准、创新的灵感方向和优化建议。

3.2.1 激发广告创意灵感

AIGC技术不仅能够提高广告创意的效率，还能在一定程度上突破人类的思维局限，发现人类可能忽视的新创意点，从而大大增强广告的吸引力和效果。

【练习1】提供产品广告创意点

下面将为一款"空气喷雾"产品提供广告宣传创意和灵感。

登录"文心一言"官方网站，输入提示词：

> 我想为一款名为"清新森林空气喷雾"的产品制作宣传广告，但我不知道该如何着手，请为我提供一些广告创意和灵感。

文心一言根据提示词会生成相应文字内容。

内容生成如下。

> 为"清新森林空气喷雾"制作宣传广告时，关键在于传达产品的自然、纯净与令人心旷神怡的特性。以下是一些创意和灵感，希望能激发你的广告创作灵感。

1. 主题定位
- 自然之旅：将产品定位为一次心灵与自然的亲密邂逅，让消费者仿佛置身于清晨的森林之中。
- 纯净呼吸：强调在繁忙都市生活中，也能享受到如森林般的纯净空气，带来身心的放松与净化。

2. 视觉创意
- 场景构建：使用高清摄影或CGI技术，展现一片郁郁葱葱的森林，阳光透过树叶洒下斑驳光影，雾气缭绕，营造出一种神秘而清新的氛围。
- 产品展示：在画面中巧妙融入产品，例如喷雾被轻轻喷出，形成细微的水珠。与周围的自然环境和谐共存，仿佛自然的一部分。
- 色彩运用：以绿色、蓝色和白色为主色调，绿色代表生机与自然，蓝色象征清新与宁静，白色则代表纯净与高雅。

3. 文案创意
- 标语："一喷之间，森林入怀——清新森林空气喷雾"。
- 故事叙述："在喧嚣都市的缝隙中，寻找一片属于自己的清新森林。每一口呼吸都是大自然的馈赠，让心灵得到真正的释放。"
- 情感共鸣："不只是喷雾，是一次逃离日常的小旅行，是忙碌生活中的一抹温柔。"

4. 互动元素
- AR体验：开发AR应用，让消费者通过手机扫描产品包装，即可在屏幕上看到虚拟的森林景象，甚至"走进"森林，体验全方位的清新空气感。
- 社交媒体挑战：发起#清新森林挑战#，鼓励用户分享自己在使用产品后的感受或创意照片/视频，最佳作品可获得奖励，增加用户参与度和品牌曝光。

5. 环保理念
- 强调产品的环保包装材料，以及品牌对保护自然环境的承诺。如"我们承诺，每一瓶喷雾的诞生，都不以牺牲自然为代价。"

6. 合作与联名
- 与环保组织或知名自然摄影师合作，提升品牌形象，同时传递品牌的社会责任感。

通过上述创意点的综合运用，可以打造出一个既吸引人眼球又富有深意的广告宣传，有效传达"清新森林空气喷雾"的独特魅力，吸引目标消费者。

【练习拓展】

请以某化妆产品为主题，利用文心一言工具辅助制作一份广告宣传文案。

3.2.2 活动策划方案生成

活动策划方案是为了实现特定目标而精心设计和规划的一系列活动安排，旨在通过创意和执行力提升品牌形象、增强用户参与感或实现销售目标等。利用AIGC工具生成活动策划方案能够降低创作门槛，使无专业背景的人也能参与策划，加快决策过程，提升活动的新颖性和吸引力。

【练习2】制作艺术节活动策划方案

步骤 01 执行"百宝箱"命令。打开"文心一言"官网,在页面单击"百宝箱"按钮,如图3-8所示。

步骤 02 使用"策划方案生成"提问词模板。打开"一言百宝箱"窗口,切换至"场景"页面,选择"灵感策划"分类,随后单击"策划方案生成"模块中的"使用"按钮,如图3-9所示。

图 3-8

图 3-9

步骤 03 自动生成提示词。文本框中随即自动显示策划方案提示词。提示词如下:

> 你是一名活动策划专家,请为[互联网公司]设计一份[人工智能聊天App]产品的发布会活动策划案,策划案需要包含背景、目标、可行性分析、行动计划、风险与应对措施。

步骤 04 修改提示词。修改提示词中的关键内容,如公司名称、活动名称等,随后发送内容。提示词修改如下:

> 你是一名活动策划专家,请为[旅游公司]设计一份[多彩文化庆典——艺术与民俗的交融]文化艺术节活动策划案,策划案需要包含背景、目标、可行性分析、行动计划、风险与应对措施。

内容生成如下。

> **多彩文化庆典——艺术与民俗的交融文化艺术节活动策划案**
>
> **1.背景**
>
> 随着全球旅游业的复苏与发展,游客对旅游体验的需求日益多元化,不再仅仅满足于自然风光的观赏,更渴望深入了解目的地的文化底蕴和民俗风情。为了响应这一市场需求,提升公司品牌形象,增强客户黏性,[旅游公司]决定举办一场以"多彩文化庆典——艺术与民俗的交融"为主题的文化艺术节。此活动旨在通过展示不同地域的艺术作品、传统手工艺、民俗表演等,为游客提供一个全方位、沉浸式的文化体验平台,促进文化交流与理解。
>
> **2.目标**
>
> 文化传播:展示并传播世界各地独特的文化艺术与民俗风情,增进公众对不同文化的认

识和尊重。
　　品牌提升：通过高质量的文化活动，提升[旅游公司]的品牌知名度和美誉度。
　　客户体验：为游客提供丰富多样的文化体验活动，增强游客的参与感和满意度。
　　经济收益：吸引更多游客参与，带动周边餐饮、住宿等相关产业的发展，实现经济效益的增长。

3.可行性分析
　　市场需求：当前旅游市场对文化深度游的需求持续增长，此类活动符合市场趋势。
　　资源丰富：公司拥有丰富的旅游资源，可邀请国内外艺术家、手工艺人参与，确保活动内容丰富多样。
　　技术支持：利用现代科技手段（如AR/VR技术）提升互动体验，增加活动吸引力。
　　合作伙伴：与地方政府、文化机构及非政府组织合作，获取资金支持和资源协调。
　　风险评估：天气变化、安全问题等需提前规划应对措施。

4.行动计划
　　……
　　通过上述策划，我们期待"多彩文化庆典——艺术与民俗的交融"文化艺术节能够成为一次成功的文化交流盛会，不仅为游客带来难忘的体验，也为[旅游公司]的长远发展奠定坚实基础。

3.2.3　撰写"微信公众号"软文

　　软文以隐蔽的营销方式，通过富有故事性和情感共鸣的内容，借助权威性和教育性元素，以较低的成本实现广泛的传播，能够有效吸引并影响目标受众，帮助品牌或产品更好地与目标受众建立联系并提升影响力。

【练习3】为某阅读平台制作宣传软文

　　使用文心一言，输入以下提示词：

> 请为"爱读书在线阅读平台"写一篇推广软文，用于微信公众号的发送。要求不直接介绍产品，而是通过提供有价值内容的同时，潜移默化地推广品牌。

　　内容生成如下。

> 在这个快节奏的时代，我们总是在寻找一片心灵的净土，一个可以让灵魂得以栖息的避风港。或许，在繁忙的工作与生活中，你早已厌倦了无尽的喧嚣，渴望着一盏灯、一本书、一个静谧的夜晚，让思绪随着文字飘向远方。今天，就让我们一起探索一种全新的生活方式，那是一种关于阅读、关于成长、关于自我发现的旅程——在"爱"的氛围中，重拾阅读的乐趣。
>
> 想象一下，当你结束了一天的忙碌，躺在舒适的沙发上，指尖轻轻滑动，便能进入一个又一个奇妙的世界。那里有历史的深邃、文学的浪漫、科学的奥秘、哲学的思辨……每一本

书都是一个新世界的大门,每一次阅读都是一次心灵的洗礼。而这一切,无须你走出家门,无须沉重的书本负担,"爱读书在线阅读平台"就能轻松实现。

在这里,我们提供的不仅仅是一个阅读的场所,更是一个文化的交流场、思想的碰撞地。我们相信,每一本书都承载着作者的情感与智慧,每一次阅读都是与伟大心灵的对话。因此,"爱读书"精心挑选了海量的书籍资源,从经典名著到现代畅销书,从专业学术到休闲小说,应有尽有,满足不同读者的多样化需求。

更重要的是,我们深知,在数字时代,阅读的方式也在悄然变化。因此,"爱读书在线阅读平台"采用先进的数字阅读技术,让文字在屏幕上也能呈现出纸质书的质感,甚至更加便捷、环保。无论是在早晨的第一缕阳光下,还是在夜晚的柔和灯光下,你都能享受到最舒适的阅读体验。

我们相信,阅读不仅仅是为了获取信息,更是一种生活的态度,一种对美好事物的追求。在"爱读书",你将遇见那些能够触动心灵的文字,它们或许会让你会心一笑,或许会让你泪流满面,但无论如何,都将是你人生旅途中不可或缺的一部分。

所以,不妨给自己一个机会,加入"爱读书"的大家庭,让我们一起在文字的海洋中遨游,让心灵在阅读中得到滋养,让生活因阅读而变得更加丰富多彩。在这里,每一次翻页,都是向着更加美好的自己迈进的一步。

在这个充满爱的季节里,让我们一起,用阅读温暖每一个平凡的日子。期待在"爱读书在线阅读平台"与每一个热爱生活的你相遇,共同书写属于我们的故事。

3.2.4 快速创作短视频脚本

短视频脚本是视频创作的蓝图和灵魂,通过详细的文字描述,规划视频内容的结构、情节发展、角色对话、镜头切换以及音效配乐等方面。有了脚本,创作者能够有条不紊地展开拍摄工作,确保每个细节都符合预期,从而提升视频制作的效率和质量。下面使用"讯飞星火"的"短视频脚本助手"进行快速创作。

【练习4】创建魔幻主题视频脚本

打开"讯飞星火"的对话模式,在页面左侧单击"更多智能体"按钮。随后在"营销"分类中添加"短视频脚本助手"智能体,如图3-10所示。

图3-10

进入"短视频脚本助手"对话模式，在文本框中输入提示词，如图3-11所示。

> 魔幻现实主义题材，以都市为背景，讲述一系列神秘的超自然事件、时间扭曲等，主角在探索这些事件的过程中逐渐揭开真相。

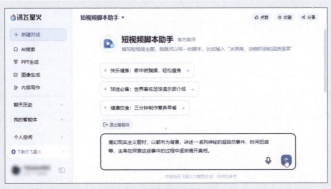

图 3-11

内容生成如下。

> 短视频脚本：《时间裂缝》
> 场景一：都市街头，夜晚
> 镜头描述：
> 开场：镜头从高空俯拍城市夜景，霓虹灯闪烁，车水马龙。背景音乐为神秘而紧张的配乐。
> 切换：镜头快速下降，聚焦到一个繁忙的十字路口，行人匆匆而过。
> 特写：一个年轻人（主角）站在红绿灯前，低头看手机，似乎在等待什么。
> 配音文字：
> "在这个看似平凡的都市中，隐藏着无数未解之谜。"
> 场景二：时间扭曲现象
> 镜头描述：
> 慢动作：绿灯亮起，主角抬头准备过马路。突然，周围的一切变得缓慢，行人的动作如同定格动画。
> 特写：主角惊讶的表情，他发现自己能够自由移动，而其他人则被冻结在原地。
> 环绕镜头：主角四处张望，试图理解发生了什么。
> 配音文字：
> "突然间，时间仿佛停止了流动，只有他能自由行走。"
> 场景三：探索与发现
> 镜头描述：
> 跟随镜头：主角沿着街道继续前行，观察周围的变化。他注意到一些奇怪的现象，例如钟表上的指针倒转，路灯忽明忽暗。
> 对话镜头：主角拿出手机拨打给一位朋友（配角），但电话那头传来的是过去的对话内容。
> 特写：主角的眼神充满困惑和好奇，决定深入调查这一现象。

配音文字：

"这一切究竟是怎么回事？难道是某种超自然力量在作祟？"

场景四：揭开真相

镜头描述：

回忆镜头：通过一系列闪回画面，展示主角之前经历的一些片段，暗示他可能与这些事件有关。

揭秘时刻：主角来到一座废弃的建筑前，发现了一个隐藏的门。他推开门，里面是一个充满科技感的秘密实验室。

对话镜头：实验室里的科学家向主角解释了这一切都是由他们开发的一种实验装置引起的时间扭曲现象。

配音文字：

"原来，这一切都是因为科学家们的一次失败实验导致的意外后果。"

场景五：结尾

镜头描述：

全景镜头：主角走出实验室，回到街头。此时，时间恢复正常流动，人们又开始忙碌起来。

结尾字幕："在这座城市的每一个角落，都可能藏着不为人知的秘密。"

结束画面：镜头拉远，城市夜景再次展现在眼前，背景音乐渐弱直至消失。

配音文字：

"而我们的故事，才刚刚开始……"

3.2.5 讯飞星火中英翻译

"讯飞星火"的"中英翻译"能够利用自身的语言处理能力高效、准确地实现中文与英文之间的互译。这一功能适用于多种场景，如日常对话、商务沟通、学术交流等。

【练习5】翻译产品文案内容

步骤01 执行"中英翻译"命令。打开"讯飞星火"官网，将需要翻译的中文内容复制到文本框中，单击"中英翻译"按钮，如图3-12所示。

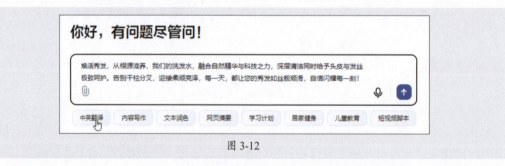

图3-12

步骤02 设置目标语言。设置"目标语言"为"英文"，随后单击"发送"按钮⬆，如图3-13所示。

步骤03 返回翻译结果。系统随即返回翻译结果，如图3-14所示。

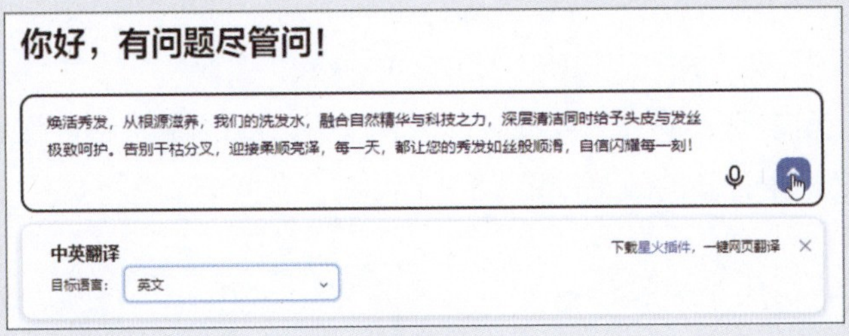

图 3-13

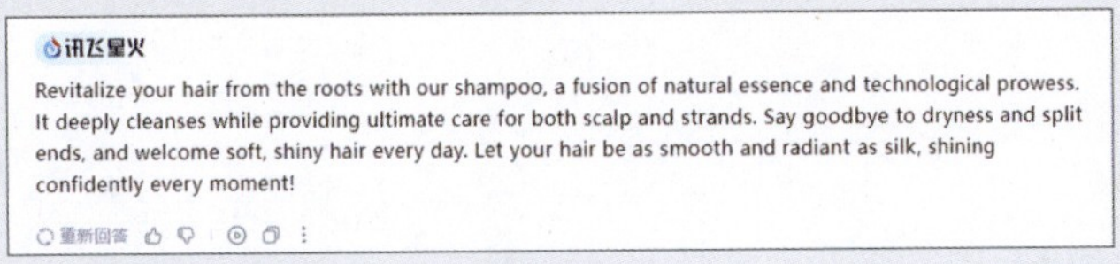

图 3-14

3.3 开启高效数据处理新篇章

AIGC相较于传统的数据分析方法，展现了更高的灵活性与智能化水平。能高效处理大规模数据、自动识别、修正异常值，并迅速生成可视化图表和报告。这一技术不仅提升了数据分析的效率，同时也为非技术用户进行数据分析提供了便利。

3.3.1 自动化创建数据表

智谱清言的数据分析功能在自然语言理解、数据处理、分析方法、代码生成与执行、定制与扩展能力及实时反馈与持续优化等方面都表现出了强大的能力和优势。下面通过其“数据分析”功能制作表格。

【练习 6】创建销售份额分布表

步骤 01 发送数据。打开“智谱清言”官网（https://chatglm.cn），在页面左侧单击“数据分析”按钮，切换到数据分析模式，在文本框中输入数据以及表格制作要求，随后发送内容，如图3-15所示。

步骤 02 生成表格。系统随即对发送的数据进行分析，最终生成Python代码，并将数据整理成表格，如图3-16所示。

图 3-15

序号	店铺	城市	销售额	销售占比
1	上海古北店	上海	25,832.00	3.63%
2	上海七宝店	上海	13,827.00	1.94%
3	上海曲阳店	上海	26,902.00	3.78%
4	杭州湖金店	杭州	75,021.00	10.53%
5	南京大行宫店	南京	39,488.00	5.54%
6	上海古北店	上海	9,233.00	1.30%
7	苏州店	苏州	98,316.00	13.80%

图 3-16

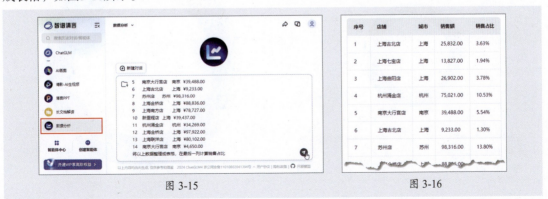

步骤 03 **生成下载链接**。若用户需要将表格下载下来，可以继续发送"生成表格的下载链接"。系统随即生成电子表格的下载链接，如图3-17所示。

步骤 04 **下载Excel表格**。单击下载链接可以将表格以Excel文件形式保存至计算机中的指定位置。数据在Excel表格中打开的效果如图3-18所示。

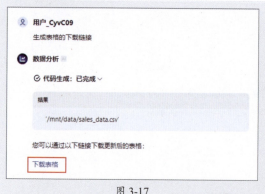

图 3-17　　　　　　　　　　　　　　图 3-18

3.3.2　快速绘制可视化图表

智谱清言可以通过内置的智能算法对Excel文件进行深度分析，并自动生成直观、清晰的图表，从而帮助用户快速洞察数据背后的趋势与关联，为决策制定提供有力支持。

【练习7】创建销量对比图表

继续3.3.1节的对话，在数据分析模式下输入提示词：

> 根据各城市的销售额生成圆环图表。

系统经过对之前对话的读取和分析后生成指定类型的图表，如图3-19所示。右击图表，执行快捷菜单中的"图片另存为"或"复制图片"选项，可以另存或复制图表。图表的放大效果如图3-20所示。

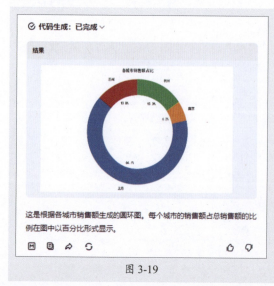 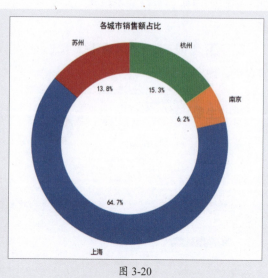

图 3-19　　　　　　　　　　　　　　图 3-20

3.3.3 精准分析Excel表格数据

智谱清言等包含数据分析能力的AIGC工具通常支持多种类型的文件上传，如Word、Excel、PPT、PDF等，并可以对上传的文件中包含的数据进行分析。

【练习 8】对化妆品数据表进行分析

下面对Excel产品销售明细表中的数据进行分析，原始数据如图3-21所示。

序号	销售日期	产品名称	单位	数量	单价	金额	付款方式
1	5月1日	面膜	盒	3	128	384	微信
2	5月1日	洗发水	瓶	2	79	158	支付宝
3	5月1日	面霜	瓶	1	99	99	微信
4	5月1日	口红	支	4	188	752	微信
5	5月2日	粉底液	瓶	6	69	414	支付宝
6	5月2日	洗面奶	支	3	55	165	微信
7	5月2日	面膜	盒	5	128	640	支付宝
8	5月3日	洗发水	瓶	3	79	237	微信
9	5月3日	面霜	瓶	2	99	198	微信
10	5月3日	口红	支	2	188	376	支付宝

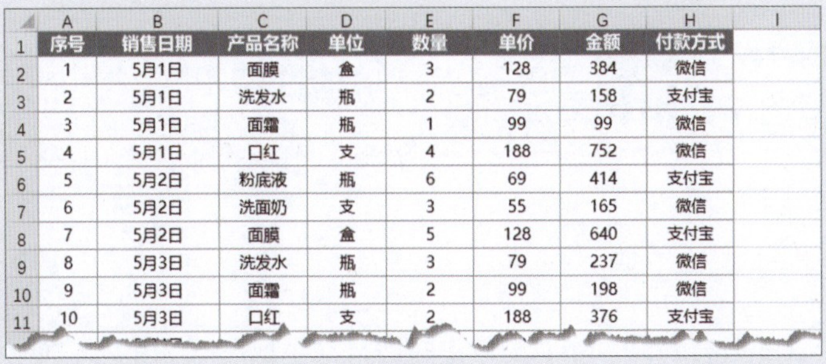

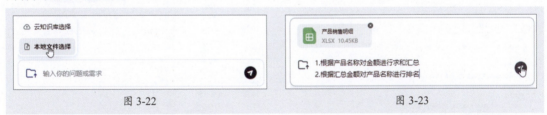

图 3-21

步骤 01 导入Excel文件。打开"智谱清言"官网，切换到"数据分析"模式。在文本框左侧单击按钮，选择"本地文件选择"选项，如图3-22所示。在随后打开的对话框中选择要使用的Excel文件，将其导入文本框中。

步骤 02 输入分析要求。文件导入成功后，在文本框中输入数据分析的具体要求，随后发送内容，如图3-23所示。

图 3-22

图 3-23

步骤 03 生成分析结果。智谱清言随即对Excel文件中的数据进行分析，并根据输入的要求返回分析结果，如图3-24所示。

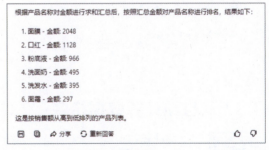

图 3-24

3.3.4 WPS AI轻松驾驭复杂公式

WPS AI通过智能算法和机器学习技术，为用户提供智能化的办公辅助。无论是文本自动生成、自动编写公式，还是数据分析，都能够为用户提供便捷、高效的解决方案。"AI写公式"功能可以快速、准确地根据用户的描述编写公式，并对公式进行详细解析。

【练习9】计算产品出库数量

步骤01 执行"AI写公式"命令。打开WPS表格，选择需要输入公式的单元格，输入等号（=），此时单元格旁边会出现 按钮，单击该按钮，如图3-25所示。

步骤02 发送提问。工作表中随即显示一个浮动窗口。在该窗口中的文本框内输入"A列包含所有季度，B列包含所有产品名称，计算"4季度"、产品名称为"螺蛳粉"的出库数量之和"，随后单击 按钮，如图3-26所示。

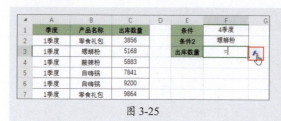
图 3-25

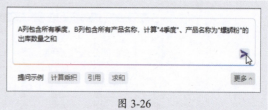
图 3-26

步骤03 返回公式并查看释义。浮动窗口中随即自动生成公式，单击"对公式的解释"按钮，还可以查看公式意义、函数解释、参数解释等释义内容，如图3-27所示。

步骤04 完成AI写公式。最后，单击浮动窗口左上角的"完成"按钮，即可确认公式的录入，如图3-28所示。

图 3-27   图 3-28

3.3.5 自动计算数据排名

智谱清言具备强大的数据处理能力，不仅能根据用户设定的标准对数据进行计算，还能为处理后的数据生成专属的下载链接，确保用户便捷地获取优化后的数据资源。

【练习10】对员工考评成绩进行排名

打开智谱清言，在"数据分析"模式下上传Excel文件，并输入"生成排名公式"。发送内容后，系统经过数据分析，得出成绩排名结果，此时系统询问用户希望执行的操作，如图3-29所示。

回复"保存为新文件",此时系统便会生成新文件的下载链接。单击该链接即可下载表格,如图3-30所示。

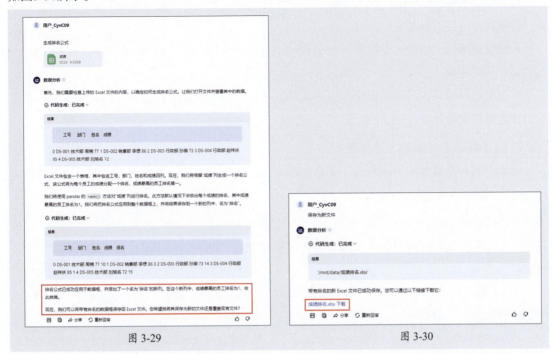

图 3-29　　　　　　　　　　　　图 3-30

原始数据以及智谱清言自动计算成绩排名,生成的新Excel文件效果分别如图3-31、图3-32所示。

	A	B	C	D
1	工号	部门	姓名	成绩
2	DS-001	技术部	周楠	77
3	DS-002	销售部	李想	86
4	DS-003	行政部	孙薇	73
5	DS-004	行政部	赵祥庆	95
6	DS-005	技术部	刘瑜名	72
7	DS-006	后勤部	孙子岚	76
8	DS-007	技术部	张颜齐	55
9	DS-008	销售部	徐微雨	70
10	DS-009	财务部	夏宇航	65
11	DS-010	行政部	夏清滨	79
12	DS-011	产品部	王语嫣	80
13	DS-012	后勤部	程丹	68
14	DS-013	技术部	孙璐	78
15	DS-014	销售部	李超	81
16	DS-015	技术部	周亮	75
17	DS-016	销售部	王明	74
18	DS-017	财务部	钱玉莹	82
19	DS-018	行政部	吴云	90
20	DS-019	产品部	吴周洋	78
21	DS-020	技术部	李博新	71

图 3-31

	A	B	C	D	E
1	工号	部门	姓名	成绩	排名
2	DS-001	技术部	周楠	77	10
3	DS-002	销售部	李想	86	3
4	DS-003	行政部	孙薇	73	14
5	DS-004	行政部	赵祥庆	95	1
6	DS-005	技术部	刘瑜名	72	15
7	DS-006	后勤部	孙子岚	76	11
8	DS-007	技术部	张颜齐	55	20
9	DS-008	销售部	徐微雨	70	17
10	DS-009	财务部	夏宇航	65	19
11	DS-010	行政部	夏清滨	79	7
12	DS-011	产品部	王语嫣	80	6
13	DS-012	后勤部	程丹	68	18
14	DS-013	技术部	孙璐	78	8
15	DS-014	销售部	李超	81	5
16	DS-015	技术部	周亮	75	12
17	DS-016	销售部	王明	74	13
18	DS-017	财务部	钱玉莹	82	4
19	DS-018	行政部	吴云	90	2
20	DS-019	产品部	吴周洋	78	8
21	DS-020	技术部	李博新	71	16

图 3-32

【练习拓展】

用户可将一份数据表格上传至智谱清言中,结合需求对数据表中的数据进行简单分析,并将分析结果下载至本地计算机中。

3.3.6 深度挖掘目标行业大数据

用户可以充分利用AIGC工具的深度数据挖掘能力，从大量数据中提取有价值的信息和洞见。数据挖掘可以遵循以下步骤和策略。

- **确定问题域**：明确想要挖掘的数据领域、主题或具体问题，例如市场分析、用户行为、产品优化等。
- **设定目标**：具体设定数据挖掘想要达到的目标，例如识别潜在趋势、预测未来表现、发现用户偏好等。

【练习11】抓取工业机器人整体数据

例如，用户希望深入了解2024年工业机器人的整体情况。为了获取准确、全面的大数据支持，可以向智谱清言进行提问。

> 请帮我整理2024年工业机器人整体数据，具体要求如下。
> （1）获取关于2024年全球及主要地区（如北美洲、欧洲、亚洲等）工业机器人的整体数据。
> （2）数据应涵盖工业机器人市场的主要应用领域，如汽车制造、电子、食品加工、医疗设备等。
> （3）请提供2024年工业机器人的销量、销售额、增长率等关键市场指标。
> （4）如有可能，请包含不同类型工业机器人（如多关节机器人、SCARA机器人、并联机器人等）的市场份额和增长情况。
> （5）我还希望了解工业机器人技术的最新发展趋势，包括主要的技术创新点和未来应用前景。

内容生成如下。

> 2024年的工业机器人市场数据显示了显著的增长和发展。以下是根据您的要求整理的一些关键数据和发展趋势。
>
> **1.全球及主要地区数据**
>
> 2024年，全球工业机器人的运营数量达到了4281585台，比上一年增长了10%。
>
> 在地区分布上，亚洲占到了新部署机器人的70%，欧洲占17%，北美洲占10%。
>
> 中国是最大的工业机器人市场，2023年安装的工业机器人数量占全球安装量的51%。
>
> **2.市场应用领域**
>
> 主要应用领域包括汽车制造、电子、食品加工和医疗设备等。其中，电子行业和汽车制造业是较大的两个市场，分别占销售量的28%和24%。
>
> **3.关键市场指标**
>
> 2024年全球工业机器人市场的销售额达到85亿欧元。
>
> 预计从2024年到2032年，工业机器人市场的复合年增长率（CAGR）为7.69%。
>
> **4.不同类型机器人的市场份额和增长情况**
>
> 在工业机器人市场中，多关节机器人、SCARA机器人、并联机器人等不同类型的机器人都有其特定的市场份额和增长趋势。例如，瑞士-瑞典的ABB集团在2022年占据了全球市场的

21%，领先于其他公司。

5.技术发展趋势

工业机器人的技术发展趋势包括预测性维护解决方案的采用、基于云的机器人平台开发、机器人即服务（RaaS）模型的出现、人机协作的增强以及供应链的透明度和整合。

3.3.7 条件格式一键对比完成率

"AI条件格式"功能能够自动对文档中的数据进行格式化处理，提升数据可视性和可读性。下面使用"AI条件格式"功能自动添加数据条来直观对比业绩完成率。

【练习12】数据条直观对比业绩完成率

步骤 01 执行"AI条件格式"命令。 打开WPS表格，在功能区中单击"WPS AI"按钮，打开"WPS AI"窗格，单击"AI条件格式"按钮，如图3-33所示。

步骤 02 发送提示词。 表格中随即显示"AI条件格式"窗口，在文本框中输入"为D列中的值添加数据条"，随后单击"发送"按钮，如图3-34所示。

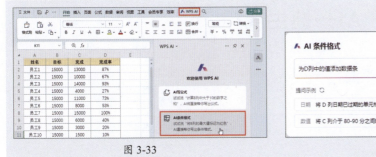
图3-33

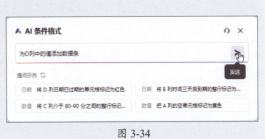
图3-34

步骤 03 修改数据条样式。 "AI条件格式"工具随即对工作表中的数据进行分析，并在窗口中显示所引用的区域以及格式，用户可以根据需要对默认的格式进行修改，最后单击"完成"按钮，如图3-35所示。

步骤 04 应用数据条。 D列内包含百分比数值的单元格随即被添加相应格式的数据条，如图3-36所示。

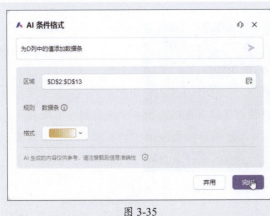
图3-35　　　　　　　　　　图3-36

3.4 PPT创作一键直达

AIGC能够全流程智能化地辅助用户完成PPT的制作。用户只需输入简单的指示或标题，便能迅速生成精美且专业的PPT内容，包括自动生成大纲文案、填充具体文本、提供多样化的模板选择以及自定义设计选项等。

3.4.1 一键生成PPT

"秒出PPT"是一款高效便捷的演示文稿制作工具，它利用先进的模板库和智能编辑功能，使用户能够在极短的时间内创建出专业、美观的PPT。

【练习13】快速制作科技主题PPT

登录"秒出PPT"网站，在首页中的文本框内输入PPT主题"智能时代的伦理与法律：人工智能的双刃剑"，随后单击"智能生成"按钮，如图3-37所示。

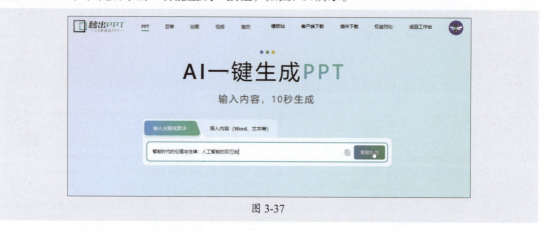

图 3-37

系统随即生成PPT，通过页面顶部的"修改主题短语""切换/上传模板主题"按钮可以对PPT主题以及模板进行修改，通过"开始编辑"按钮可以进入PPT编辑模式，如图3-38所示。

图 3-38

3.4.2 Word转PPT

"秒出PPT"能够自动识别并提取Word、PDF、TXT等文档中的标题、子标题和文本内容，将其快速转换为PPT演示文稿，同时保持内容的逻辑结构和排版美观。

【练习14】战争题材 Word 文档生成 PPT

在"秒出PPT"首页中切换至"导入内容（Word、文本等）"选项卡，用户可以将包含大纲的Word文件拖动至该文件区域，如图3-39所示。文件上传成功后单击"下一步"按钮，即可生成PPT，如图3-40所示。

图 3-39　　　　　　　　　　　图 3-40

【练习拓展】

请以智能家居为主题，利用秒出PPT工具，制作一份与主题相关的演示文稿。

3.4.3 快速创建教学课件

讯飞星火的"PPT生成"功能可以根据用户输入的标题、关键词等信息，快速生成完整的PPT文档，包括封面、目录、具体内容等，且内容全面丰富、结构清晰、设计专业美观，极大地节省了制作时间。

【练习15】创建历史学科类课件

步骤01 添加"教学教案"提示词。打开"讯飞星火"官网，切换到"PPT生成"模式，在文本框下方单击"教学教案"按钮，向文本框中添加提示词模板，如图3-41所示。

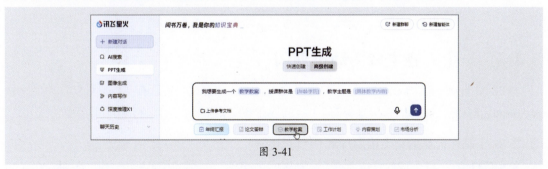

图 3-41

步骤02 完善提示词并选择模板。修改提示词，随后在文本框下方选择一个合适的PPT模板，单击"发送"按钮，如图3-42所示。

步骤03 系统随即根据提示词生成PPT大纲，单击"生成PPT"按钮，如图3-43所示。

图 3-42　　　　　　　　　　　　　　图 3-43

步骤 05 系统随即根据大纲生成演示文稿，单击幻灯片下方的"格式设置"按钮，页面左侧会打开一个窗格，通过该窗格中提供的选项，可以对幻灯片进行编辑，如图3-44所示。

图 3-44

3.4.4　一个主题生成活动策划PPT

WPS AI支持一键生成幻灯片。用户通过输入幻灯片主题或上传已有文档，可以自动生成包含大纲和完整内容的PPT，极大地提高了PPT的制作效率和质量。下面将介绍具体操作方法。

【练习16】制作公益活动类策划方案 PPT

步骤 01 执行一键生成幻灯片命令。启动WPS Office，在首页中单击"新建"按钮，在展开的菜单中选择"演示"选项。在打开的"新建演示文稿"页面中单击"智能创作"按钮，如图3-45所示。

步骤 02 发送主题。系统随即新建一份演示文稿，并弹出WPS AI窗口，输入主题"公益之心，新年温暖传递活动策划"，单击"生成大纲"按钮，如图3-46所示。

图 3-45　　　　　　　　　　　　　　图 3-46

步骤 03　生成PPT大纲。WPS AI随即自动生成一份大纲，用户可以单击窗口右上角的"收起正文"或"展开正文"按钮，收起或展开大纲，以便对大纲的详情和结构进行浏览，最后单击"生成幻灯片"按钮，如图3-47所示。

步骤 04　选择模板并创建PPT。随后打开的窗口中会提供大量幻灯片模板，在窗口右侧选择一个合适的模板，单击"创建幻灯片"按钮，如图3-48所示。

图 3-47　　　　　　　　　　　　　　图 3-48

步骤 05　生成PPT。WPS AI随即根据所选模板以及大纲内容自动生成一份完整的演示文稿，如图3-49所示。

图 3-49

3.5 AIGC应用实战：生成"小红书"种草文案

小红书的种草文案通常简短精练，以第一人称视角讲述个人使用产品或服务的真实感受，结合生动的场景描绘和细腻的情感表达，迅速吸引读者注意并激发购买欲望。下面使用"讯飞星火"内置的智能体撰写"小红书"种草文案。

步骤 01 **登录讯飞星火**。打开讯飞星火官网，在首页中单击"开始对话"按钮，如图3-50所示。

步骤 02 **执行"更多智能体"命令**。进入"讯飞星火"对话模式，在页面左侧导航栏中单击"更多智能体"按钮，如图3-51所示。

图 3-50　　　　　　　　　　　图 3-51

步骤 03 **选择"小红书种草文案助手"**。在打开的页面中选择"营销"分类。此时可以看到很多营销类的文案助手，单击"小红书种草文案助手"按钮，如图3-52所示。

步骤 04 **发送笔记主题**。进入"小红书种草文案助手"对话模式，在文本框中输入笔记主题"布艺材质衣物收纳箱"，随后发送内容，如图3-53所示。

步骤 05 当前智能体随即生成种草文案，如图3-54所示。

图 3-52

图 3-53　　　　　　　　　　　图 3-54

AIGC

第4章
图像创作大师

随着人工智能技术的迅猛发展,AIGC技术已成为图像创作领域的重要推动力。它不仅重新定义了我们的创作方式和思维模式,更为用户提供了前所未有的多样化和个性化的艺术作品与图像创作体验。AIGC技术通过强大的算法和模型,能够根据用户的指示和偏好生成高质量的图像,帮助用户实现他们的创意构想。此外,人工智能技术还能用于对现有图像进行分析和优化,进一步提升图像质量。

4.1 图像创作灵感与构思

在AIGC技术的推动下,图像创作灵感与构思过程正经历着前所未有的变革。本节将深入探讨如何借助AIGC工具和技术来激发创作灵感,并优化构思流程,以提升图像作品的创意水平和制作效率。

4.1.1 如何激发图像创作灵感

AIGC技术在激发图像创作灵感方面展现出巨大的潜力。通过整合先进的人工智能算法、大数据分析和创意生成能力,AIGC为艺术家和设计师提供全新的视角和丰富的素材,从而拓展创作的边界。以下是一些具体的方法。

1. 智能主题生成与拓展

AIGC技术能够基于大量的图像数据,运用先进的算法分析图像的主题、元素和构图等特征。通过深度学习,AIGC系统可以识别并提取这些特征,进而自动生成多样化的图像主题。这些主题不仅丰富多样,而且具有新颖性和创意性,能够为艺术家和设计师提供全新的创作灵感。例如,艺术家计划创作一系列以"你好,我的城市"为主题的绘画作品,可以借助AIGC工具生成主题方案,这些主题不仅能为艺术家提供丰富的创作方向,还能激发艺术家对更多细节和元素的思考。

步骤01 输入提示词。 打开智谱清言(或其他AIGC工具),输入关键词:

> 创作一系列以"你好,我的城市"为主题的绘画作品,请生成具体的主题方案,三四个。

步骤02 生成文字内容。

生成内容如下。

> **以下是围绕"你好,我的城市"主题的一系列绘画作品主题方案。**
>
> **主题方案一:城市脉搏**
>
> (1)描述:这个主题聚焦于城市的活力与节奏,展现城市生活的丰富多彩。
>
> (2)具体绘画主题:
>
> ● 《晨光中的市场》:描绘清晨时分,市场摊贩忙碌的场景,展现城市的苏醒。
> ● 《繁忙的十字路口》:展现交通高峰期,行人、车辆穿梭的繁华景象。
> ● 《夜幕下的霓虹灯》:表现夜晚城市灯火辉煌,人们休闲娱乐的场景。
>
> **主题方案二:城市印记**
>
> (1)描述:这个主题旨在挖掘城市的历史与文化,记录城市的发展变迁。
>
> (2)具体绘画主题:
>
> ● 《老街记忆》:描绘充满历史沧桑感的古老街道,体现城市的传统风貌。
> ● 《古建筑与新地标》:展现城市中古建筑与现代建筑的和谐共存,传承与创新。
> ● 《民俗风情》:描绘城市特有的民俗活动,如庙会、节日庆典等。
>
> **主题方案三:城市生态**
>
> (1)描述:关注城市中的自然景观与生态环境,展现人与自然和谐共生的美好画面。

（2）具体绘画主题：
- 《城市公园的早晨》：描绘市民在公园晨练、休闲的情景，体现绿色生活的理念。
- 《河流边的漫步》：展现城市河流景观带，人们沿着河岸散步、欣赏美景。
- 《屋顶花园》：表现城市屋顶绿化项目，寓意城市与自然的融合。

主题方案四：城市生活
（1）描述：聚焦城市居民的日常生活，展现不同人群的生活状态和情感交流。
（2）具体绘画主题：
- 《街头咖啡馆》：描绘人们在咖啡馆闲聊、放松的时光，体现城市的悠闲生活。
- 《放学后的校园》：展现学生放学后的欢乐时光，传递青春活力。
- 《社区一角》：描绘社区居民互动的场景，如跳广场舞、下棋等，展现和谐的邻里关系。

2. 智能素材生成

AIGC技术利用深度学习算法，对海量的图像数据进行分析和学习，从而能够理解和模仿不同图像素材的特征和风格。艺术家和设计师可以通过浏览AIGC生成的图像素材来获取创作灵感。例如，在筹备一场图书节的海报设计时，设计师可以利用AIGC技术快速生成一系列与主题紧密相关的图像素材，包括各式各样的书籍、沉浸在书海中的读者以及生动的阅读场景等。通过这种方式，设计师不仅能够节省大量的时间和精力，还能在AIGC提供的丰富视觉元素的基础上，融合个人创意，创作出既吸引眼球又富含深意的视觉效果，从而有效提升作品的艺术表现力和传播影响力。

3. 色彩与构图建议

AIGC技术能够分析图像的色彩搭配和构图原则，并根据这些原则给出建议。这些建议不仅基于大量的图像数据和分析结果，还考虑了用户的创作需求和审美偏好。通过参考这些建议，艺术家和设计师可以对作品进行色彩和构图上的优化和调整。例如，设计师为一家环保组织设计宣传海报，可以利用AIGC技术分析与环保主题相关的成功案例，从中获取有效的色彩组合和构图建议。这种智能化的辅助设计不仅能提高工作效率，还能帮助设计师更好地实现创意构思，使最终作品更具吸引力和影响力。

步骤01 输入提示词。打开智谱清言（或其他AIGC工具），输入关键词：

> 请分析近年来成功的环保组织宣传海报案例，特别是它们在色彩搭配和构图设计上的创新之处。为我提供一系列与环保主题相契合的色彩组合建议，以及能够突出环保理念、吸引公众注意力的构图方式。

步骤02 生成文字内容。生成内容如下。

近年来，一些成功的环保组织宣传海报案例在色彩搭配和构图设计上展现出显著的创新。以下是一些关键点和建议。

色彩搭配
（1）自然色调：很多环保海报倾向于使用自然界的颜色，如绿色、蓝色和土色，这些颜色与自然环境的联系能够强化海报的环保信息。

（2）对比色彩：使用对比鲜明的色彩可以吸引观众的注意力，例如，将清澈的蓝色与警示的橙色或红色结合，可以突出环保的紧迫性。

（3）柔和色调：柔和的色调可以传达出和谐与平静的感觉，适用于强调自然之美的环保主题。

构图设计

（1）简洁明了：有效的环保海报通常设计简洁，避免过多的复杂元素，使关键信息一目了然。

（2）视觉焦点：通过强烈的视觉焦点，如一个突出的图像或标语，可以有效地传达环保信息。

（3）创意图形：使用创意图形和符号，如地球、树木、动物等，可以直观地表达环保主题。

环保主题色彩组合建议

- 绿色与蓝色：代表自然与水，适用于强调生态保护的海报。
- 绿色与白色：传达清新和自然的感觉，适用于强调清洁能源或可持续生活方式的海报。
- 蓝色与橙色：对比色调，适用于需要引起人们对环境问题关注的海报。

吸引公众注意力的构图方式

- 中心构图：将重要元素放在海报中心，周围留白，使焦点更加突出。
- 对角线构图：利用对角线引导观众的视线，增加动态感。
- 框架构图：使用框架元素包围主要图像，增加视觉深度。

这些策略和技巧在WWF（世界自然基金会）等环保组织的海报设计中得到了有效应用。通过这些方法，艺术家和设计师不仅能够提升作品的艺术表现力，还能更有效地传播环保理念。

4. 风格迁移与融合

风格迁移作为AIGC技术在图像创作领域的核心技术，展现了其卓越的创意激发潜力。这项技术不仅能够将传统艺术风格巧妙地融入现代图像之中，还能实现不同风格之间的无缝融合，从而创造出别具一格的艺术效果。例如，它能够将传统与现代风格、各类艺术流派、自然与人工元素，甚至是跨领域的风格进行精妙结合。在这一过程中，AIGC技术不仅充当艺术创作的得力工具，更是成为激发灵感的强大催化剂。它赋予艺术家跨越时空界限的能力，使他们能够灵活地将不同文化和历史时期的艺术元素融为一体，创作出既尊重原作精髓又富含创新元素的图像作品。这种创新性的应用，不仅极大地拓宽了图像创作的边界和可能性，也为传统文化的传承与发展探索出了全新的路径。

5. 实时交互与及时反馈

AIGC技术以其独特的实时交互能力，为图像创作带来了前所未有的便捷与高效。例如，设计师在使用AIGC工具进行图像创作时，能够通过界面即时观察图像的生成效果，并根据个人需求进行调整和优化，如图4-1所示。这种即时的交互与反馈机制，使得设计师可以迅速尝试多种色彩、构图和元素搭配，有效推进创意的实现。此外，AIGC系统还能够记录用户的偏好和历史反馈，以此来增强其提供个性化服务的能力。这样的即时反馈不仅能显著缩短创作流程，还能帮助创作者更深入地挖掘和把握创作目的。

图 4-1

4.1.2 图像创作的构思过程

在AIGC创作中，图像创作的构思过程融合了传统艺术创作与人工智能技术的优势，形成了一种新颖且高效的创作模式。以下是基于AIGC图像创作构思过程的概述。

1. 明确创作需求的目标

在图像创作之前，首先需要明确创作的需求和目标，包括确定图像的主题、风格、受众以及期望传达的信息或情感。例如，小明受邀为一家新开业的环保咖啡馆绘制装饰画。小明首先与客户沟通，了解咖啡馆的风格（现代、清新、具有环保意识）、受众（年轻人、环保爱好者）以及希望传达的核心理念（可持续发展、舒适氛围）。

2. 概念化与创意构思

在明确了创作需求后，小明开始进入概念化与创意构思阶段。他利用AIGC工具进行灵感发掘，通过输入关键词信息，让AI生成一系列与咖啡馆相关的创意构思。这些构思可能以文字描述、草图或初步图像的形式呈现，帮助小明更清晰地展现他的创意方向。小明还结合自己对环保和艺术的理解，对这些构思进行筛选和整合，最终确定了几个可行的创意方案。

步骤 01 输入提示词。打开智谱清言（或其他AIGC工具），输入关键词：

> 咖啡馆的风格（现代、清新、具有环保意识）、受众（年轻人、环保爱好者）以及希望传达的核心理念（可持续发展、舒适氛围），请据此策划三四个不同风格的绘画方案。

步骤 02 生成文字内容。

生成内容如下。

> 根据咖啡馆的风格、受众群体以及希望传达的核心理念，以下是三四个不同风格的绘画方案。
>
> **方案一：现代抽象风格**
> ● 绘画主题：绿色未来。

- 风格描述：使用现代抽象的艺术手法，结合几何图形和流畅的线条。

绘画元素
- 抽象的绿色和白色线条，形成咖啡杯和树叶的轮廓。
- 几何图形拼凑出城市的轮廓，象征着现代与自然的和谐共存。
- 背景使用淡色调，突出绿色元素，传达环保意识。

方案二：清新水彩风格
- 绘画主题：自然之韵。
- 风格描述：采用水彩画的技法，营造清新自然的氛围。

绘画元素
- 柔和的水彩绿色调，描绘咖啡馆的外景，如户外座位区和绿色植物。
- 水彩的透明感，让画面显得轻盈而透气，给人一种舒适的感觉。
- 细节处点缀咖啡杯和书籍，展现咖啡馆的文化氛围。

方案三：环保插画风格
- 绘画主题：绿色生活。
- 风格描述：以插画形式展现环保理念，色彩鲜明，图案生动。

绘画元素
- 插画风格的咖啡豆、树叶和回收标志，强调环保主题。
- 使用再生纸的纹理作为背景，增加画面的环保质感。
- 明亮的色彩对比，吸引年轻人的目光，同时传达积极向上的信息。

方案四：舒适手绘风格
- 绘画主题：悠闲时光。
- 风格描述：手绘风格，线条轻松，色彩温馨，营造出舒适的氛围。

绘画元素
- 手绘的咖啡杯和沙发，以及温馨的室内场景，如壁炉和书架。
- 使用温暖的色调，如米色、棕色和淡黄色，让人感到放松。
- 细腻的笔触和纹理，给人一种手工艺品的感觉，增加画面的亲和力。

这些绘画方案可以根据咖啡馆的具体需求和品牌形象进一步细化和调整。

3. AI辅助创作图像

在创意构思的基础上，可以利用AIGC技术辅助创作。将构思的创意输入AI图像生成工具，由AI根据这些构思生成一系列图像方案。这些方案可能包含不同的色彩搭配、构图布局和元素组合。从生成的图像中挑选出最符合创意构思的，作为进一步创作的素材和灵感来源。

步骤01 输入提示词。打开即梦AI（或其他AIGC工具），输入方案三的绘画元素为关键词：

> 插画风格的咖啡豆、树叶和回收标志，强调环保主题。使用再生纸的纹理作为背景，增加画面的环保质感。明亮的色彩对比，吸引年轻人的目光，同时传达积极向上的信息。

步骤02 生成创意图像。输入提示词后，设置图片比例为3：4，单击"立即生成"按钮。系统根据描述自动生成创意图像，生成的图像效果如图4-2所示。

图 4-2

4. 实时交互与迭代优化

在创作过程中，可以根据自己的创意需求对生成的图像进行微调，如改变某个元素的位置、大小或形状等。通过不断尝试和调整，逐渐完善设计，使其更加符合咖啡馆的品牌形象和宣传需求。同时，还利用AI技术的迭代优化功能，对图像进行多次修改和完善，直到达到最佳效果。

步骤01 查看图像效果。单击生成的任意一张图像，即可查看其详细效果，如图4-3所示。

图 4-3

步骤02 擦除部分图像。在界面右侧单击"去画布进行编辑"按钮 去画布进行编辑，进入画布后单击"消除笔"按钮 消除笔，使用消除笔涂抹需要擦除的部分，如图4-4所示。

图 4-4

步骤 03 **应用擦除效果并保存**。单击"擦除"按钮 ，系统自动执行擦除命令,单击"完成编辑"按钮 后效果如图4-5所示。保存图像。

图 4-5

步骤 04 **利用图生图再生图**。返回到"图像生成"界面,上传保存的图像为参考图,输入关键词。

参考该图的绘画风格,生成其他关于咖啡馆主题的插画。

步骤 05 **生成相关图像**。单击"立即生成"按钮,系统将根据描述和参考图自动生成创意图像,可单击"再次生成"按钮 重新生成图像,如图4-6所示。

图 4-6

步骤 06 **保存符合要求的图像**。查看生成的图像并进行保存。一个系列为4张,效果如图4-7所示。

图 4-7

5. 创意融合与完善

在AI辅助创作图像的基础上，可以利用Photoshop等图像处理软件对图像进行进一步的修饰和完善，如添加纹理、光影效果等，使其更加生动、立体，如图4-8所示。同时，还可结合咖啡馆的实际情况和客户的反馈意见，对图像中的元素进行微调和完善，确保设计的实用性和准确性。

图 4-8

4.1.3 AIGC赋能图像创作工具

AIGC赋能的图像创作工具利用先进的机器学习、深度学习算法，以及自然语言处理技术，能够根据用户的指令或输入，自动生成高质量的图像内容。Midjourney、即梦AI、豆包、美图云修等工具为图像创作带来前所未有的便捷性和高效性。常见的AIGC赋能图像创作工具如表4-1所示。

表 4-1

工具	简　　介
Midjourney	基于 Discord 平台的图像生成工具，用户通过输入文本提示生成艺术风格的图像，以生成高质量、富有创意的图像而受到广泛欢迎
即梦 AI	剪映旗下产品，一站式 AI 创作与内容平台。支持通过自然语言及图片输入，生成高质量的图像及视频
豆包	字节跳动旗下产品，提供与图像创作相关的功能。在图像生成功能下，只需输入文本即可快速生成高质量图片，支持多种语言输入和多样化的图片风格
简单 AI	搜狐旗下的全能型 AI 创作助手，支持 AI 绘画、文生图、图生图等多种创作形式。用户只需在平台上输入关键词，便可快速生成高质量的创意美图
佐糖	一款智能 AI 图像处理平台，支持在线抠图、去水印、模糊照片变清晰、无损放大、图片裁剪、图片压缩和黑白照片上色等功能
美图云修	美图公司专为商业摄影行业打造的一站式 AI 修图解决工具，是一款可以批量对商业人像摄影图片进行一键精修的电脑端软件

4.2 AIGC绘画风格探索与创新

AIGC绘画是近年来随着人工智能技术的快速发展而兴起的一种新型绘画方式。它利用深度学习、计算机视觉等先进技术，通过算法和数据处理生成具有艺术美感和独特风格的绘画作品。这种技术不仅为艺术创作提供了新的工具和手段，也为艺术风格的多样性和创新性开辟了新的可能性。

4.2.1 中国传统绘画风格演绎

中国传统绘画，这一蕴含深厚文化底蕴与独特艺术魅力的瑰宝，自古以来便以其丰富的文化内涵和精妙绝伦的表现技法而著称于世。从细腻入微的工笔花鸟，到挥洒自如的水墨山水，再到寓意深远的文人画作，每一种风格都承载着中华民族独特的审美观念和精神追求。AIGC绘画技术通过深度学习与分析，深入挖掘中国传统绘画的精髓，精准捕捉并再现其独特的艺术特征，包括线条的流畅性、墨色的浓淡变化、构图的巧妙安排以及意境的深远表达。这种技术不仅能够复兴传统艺术形式，还为现代创作注入了新的活力，使得传统与现代在艺术创作中得以完美融合。

【练习1】工笔画风格

步骤01 输入提示词。打开即梦AI（或其他AIGC工具），输入关键词：

> 细腻的笔触，华丽的色彩，身着华丽汉服的古代女子，精致的配饰，背景为繁花似锦的花园，整个画面充满工笔画般的细腻与华美。

步骤02 生成创意图像。输入提示词后，设置图片比例为16∶9，单击"立即生成"按钮。系统根据描述自动生成创意图像，生成的图像效果如图4-9所示。

图4-9

步骤03 查看并优化图像效果。单击任一幅生成的图像，即可查看其详细效果，并进行超清处理。优化后的效果如图4-10所示。

图4-10

知识拓展

工笔画是一种中国传统绘画风格，以细致入微的描绘和精确的技法著称。通常使用细小的笔触，展现花鸟、人物和山水等题材，注重细节和色彩的层次感。工笔画强调写实，追求形象的生动与真实，常常蕴含丰富的文化寓意。该风格的代表艺术家包括仇英和任颐。

【练习2】水墨画风格

步骤01 输入提示词。打开即梦AI（或其他AIGC工具），输入关键词：

> 淡雅的水墨，山川河流，云雾缭绕，几叶扁舟荡漾其中，远处山峰若隐若现，画面留白处透露着禅意与诗意。

步骤02 生成创意图像。输入提示词后，设置图片比例为3∶2，单击"立即生成"按钮。系统将根据描述自动生成创意图像，生成的图像效果如图4-11所示。

图 4-11

步骤03 查看并优化图像效果。单击任一幅生成的图像，即可查看其详细效果，并进行超清处理。优化后的效果如图4-12所示。

图 4-12

> **知识拓展**
>
> 水墨画是中国传统绘画的一种，以水墨为主要媒介，强调墨色的浓淡变化和水的流动性。水墨画通常表现山水、花鸟和人物，注重意境和情感的表达。水墨画强调"留白"技法，通过简练的笔触和丰富的层次，传达自然的韵味与哲理。该风格追求"形神兼备"，代表艺术家包括张大千和齐白石。

　　AIGC的绘画技术，不仅体现在对古代大师作品的精确模仿上，更重要的是，还能够敏锐地捕捉现代审美趋势，并融合先进技术条件，对传统绘画风格进行富有创意的转化与发展。一个鲜明的例子便是，通过AIGC技术的巧妙运用，传统绘画作品被赋予了全新的生命力，与游戏产业紧密结合，共同创造出令人惊叹的艺术新形态。

　　例如，一款基于《清明上河图》的互动解谜游戏，可以巧妙地利用VR（虚拟现实）技术，使玩家能够"身临其境"地走进这幅传世名画，亲自在虚拟的汴京城中探索每一个角落，解开一个个谜题，同时深入了解北宋时期的历史文化。这种寓教于乐的方式不仅极大地吸引了年轻玩家的兴趣，也有效地促进了传统文化的传播与普及，让古老的艺术作品在新时代焕发出新的光彩。

4.2.2 现代艺术风格的探索与应用

现代艺术绘画这一富有创新精神与多元表现形式的艺术流派,自20世纪以来便以突破传统的界限和探索新的视觉语言而闻名于世。从抽象表现主义的情感释放,到极简主义的形式简化,再到波普艺术的文化反思,每一种风格都体现了现代社会的变迁与艺术家的独特视角。

AIGC技术通过深度学习算法,能够对抽象艺术、表现主义和波普艺术等风格进行深入分析。AI能够识别出不同风格的关键特征,如抽象艺术中的形状与色彩对比、表现主义中的情感表达以及波普艺术中的商业符号。通过这些分析,AIGC能够创作出新的艺术作品,融合不同风格,打造出独特的视觉体验。艺术家可以将AI创作的作品作为灵感,进行二次创作和改编,探索艺术表现的新途径。

【练习3】抽象表现主义风格

步骤01 输入提示词。打开即梦AI(或其他AIGC工具),输入关键词:

> 选择一个或几个强烈的情感作为主题,如愤怒、喜悦、悲伤或宁静。使用大胆、鲜明的色彩,如红、蓝、黄、黑等,通过泼墨、涂抹或厚涂技法,将情感直接转化为画布上的色彩碰撞和形状交融。不必拘泥于具象形态,而是让色彩和形状自由地在画布上舞动,形成具有强烈视觉冲击力和情感表达力的抽象画面。

步骤02 生成创意图像。输入提示词后,设置图片比例为3∶2,单击"立即生成"按钮。系统根据描述自动生成创意图像,生成的图像效果如图4-13所示。

图 4-13

步骤03 查看并优化图像效果。单击任一幅生成的图像,即可查看其详细效果,并进行超清处理。优化后的效果如图4-14所示。

图 4-14

> **知识拓展**
> 抽象表现主义起源于20世纪40年代的美国,是一种强调情感和个体表达的艺术风格。它通过自由的笔触和大胆的色彩,传达艺术家的内心感受。作品通常不具象,而是以抽象形式表现情感的波动与冲突。该风格的代表艺术家包括杰克逊·波洛克和马克·罗斯科。

【练习4】波普主义风格

步骤 01 输入提示词。打开即梦AI（或其他AIGC工具），输入关键词：

> 选取日常生活中的常见物品或场景，如可乐罐、汉堡、电视机等，将这些元素进行放大或夸张处理。通过放大物品的尺寸或突出其某些特征，使其具有超现实的视觉效果。同时，可以运用波普艺术的复制粘贴手法，使这些物品在画布上多次重复出现，形成一种视觉上的节奏感和韵律感。

步骤 02 生成创意图像。输入提示词后，设置图片比例为3∶2，单击"立即生成"按钮。系统根据描述自动生成创意图像，生成的图像效果如图4-15所示。

图 4-15

步骤 03 查看并优化图像效果。单击任一幅生成的图像，即可查看其详细效果，并进行超清处理。优化后的效果如图4-16所示。

图 4-16

知识拓展

> 波普主义风格起源于20世纪50年代的英国，后在美国达到鼎盛。它追求大众化、通俗化的趣味，强调新奇与独特，采用强烈的色彩对比和夸张的表现形式，如拼贴、连环画等。波普艺术反对现代艺术，将大众文化元素如商标、快餐包装等引入艺术领域，挑战传统艺术的界限。该风格的代表艺术家包括安迪·沃霍尔和彼得·布莱克。

4.2.3 复刻与演绎艺术大师之作

AIGC绘画技术利用先进的算法和大规模数据集，深入分析和理解艺术大师们的经典作品，从而能够精确地模拟他们独特的创作风格和精湛技艺。无论是细腻精巧的笔触，还是奔放豪迈的色彩运用，AIGC技术都能以惊人的准确度重现，仿佛架起了一座桥梁，让历史上的艺术大师们的艺术精神在数字世界中得以传承与延续。这项技术不仅能助力传统艺术的复兴，更为当代艺术创作开辟了全新的灵感源泉与可能性，加速了艺术与科技的深度融合进程。具体而言，在使用AIGC技术复刻名画风格时，用户仅需提供一张原始图像，并指明希望复刻的艺术大师风格。随后，AIGC技术就会细致分析该大师的艺术作品，精准提炼其独特的笔触风格、色彩搭配等核心特征，并将这些特征巧妙地融入原始图像之中，最终生成一张既保留原图神韵又兼具大师风格的新作品。这一过程不仅展现了AIGC技术在复刻艺术风格方面的强大能力，也为观众带来了前所未有的艺术体验与创作乐趣。

【练习5】复刻张大千绘画风格

步骤01 导入参考图像。在豆包的"图像生成"界面中单击文本框中的"参考图"按钮，上传如图4-17所示的图像。

步骤02 输入提示词：

> 将此森林景象转换为张大千泼墨山水风格，以泼墨的方式表现树木和山丘的形态，雾气部分可用淡墨或水墨渲染，营造云雾缭绕的仙境之感。在画面中的空白处或需要强调的地方点上苔点，以增加画面的细节和层次。可以在画面中加入适量的暖色调（如淡黄、淡红），以丰富画面的色彩层次，但整体色调应以冷色调为主。

步骤03 生成创意图像。单击"发送"按钮，系统根据描述和参考图自动生成创意图像，生成的图像效果如图4-18所示。

图 4-17

图 4-18

步骤04 查看图像效果。单击任一幅生成的图像，即可查看其详细效果，效果如图4-19所示。

图 4-19

知识拓展

> 张大千是我国20世纪的著名画家，以其卓越的山水画和花鸟画闻名。他融合了传统工笔与自由奔放的泼墨技法，创造出独特的艺术风格。张大千的作品色彩丰富，构图大胆，常常表现出对自然的深刻理解与热爱。他的画作不仅继承了古典传统，还融入了西方艺术元素，展现出中西合璧的特色。代表作品包括《泼墨山水》和《桃花源图》。

【练习6】复刻梵高绘画风格

步骤 01 导入参考图像。 在豆包的"图像生成"界面中单击文本框中的"参考图"按钮,上传如图4-20所示的图像。

步骤 02 输入提示词:

> 保留原图的构图方式与主体(小男孩放风筝)。将原图中的色彩进行梵高式的调整,如增强蓝色和黄色的对比,使画面更加鲜艳。模拟梵高的粗犷笔触,对画面进行细节处理。在保持原图主题和构图的基础上,进行适当的变形和夸张,以增强画面的艺术效果。

步骤 03 生成创意图像。 单击"发送"按钮↑,系统根据描述和参考图自动生成创意图像,生成的图像效果如图4-21所示。

图 4-20

图 4-21

步骤 04 查看图像效果。 单击任一幅生成的图像,即可查看其详细效果,效果如图4-22所示。

图 4-22

知识拓展

文森特·梵高(Vincent van Gogh)是19世纪荷兰著名的后印象派画家,以其独特的艺术风格和强烈的情感表达而闻名。他的作品常常使用大胆的色彩和旋涡状的笔触,展现出对自然和生活的深刻感受。代表作品包括《星夜》《向日葵》和《自画像》。

4.2.4 人像与风景的逼真呈现

AIGC在图像生成方面的强大能力使得人像与风景的逼真呈现成为可能。通过深度学习算法,AIGC技术能够生成高度真实的肖像画和自然风景,捕捉细腻的光影变化和纹理细节。这项技术不仅适用于艺术创作,还可以广泛应用于影视、游戏和广告等领域,为视觉内容的创作提供新的可能性和更高的表现力。

【练习7】古风少女肖像

步骤01 输入提示词。打开即梦AI（或其他AIGC工具），输入关键词：

> 一位身着红色古装的少女，面容清秀，背景为古色古香的建筑或山水，发丝随风飘动，整体呈现出浓郁的古风韵味，真人摄影。

步骤02 生成创意图像。输入提示词后，设置图片比例为3∶2，单击"立即生成"按钮。系统将根据描述自动生成创意图像，生成的图像效果如图4-23所示。

图 4-23

步骤03 查看并优化图像效果。单击任一幅生成的图像，即可查看其详细效果，并进行超清处理。优化后的效果如图4-24所示。

图 4-24

【练习8】冬日雪山仙境

步骤01 输入提示词。打开即梦AI（或其他AIGC工具），输入关键词：

> 巍峨的雪山耸入云霄，山间云雾缭绕，冰雪覆盖的山峰在阳光下熠熠生辉，山脚下是一片宁静的湖泊，整体营造出一种如梦似幻的仙境氛围。

步骤02 生成创意图像。输入提示词后，设置图片比例为3∶2，单击"立即生成"按钮。系统根据描述自动生成创意图像，生成的图像效果如图4-25所示。

图 4-25

步骤 03 查看并优化图像效果。单击任一幅生成的图像,即可查看其详细效果,并进行超清处理。优化后的效果如图4-26所示。

图 4-26

4.2.5 角色与IP的构思实现

在文化产业中,角色与IP(知识产权)的设计无疑占据着举足轻重的地位。它们是连接消费者与文化产品的桥梁,是塑造品牌形象、吸引粉丝群体、推动文化消费的关键因素。AIGC绘画技术的出现,为创作者们开辟了一条全新的设计路径。凭借强大的算法和数据处理能力,AIGC绘画技术可以帮助创作者快速生成多样化的角色设计。这些设计不仅涵盖角色的外观,包括面部特征、发型、肤色等,还包括服饰风格、配饰选择和整体造型。创作者可以根据不同的主题和风格需求,轻松生成各种角色,极大地丰富了创作的可能性。

此外,AIGC绘画技术还能够根据设定的背景故事和角色性格,生成相应的性格特征。通过这种方式,AIGC绘画技术不仅提高了设计效率,还为创作者提供了丰富的创意选项,帮助他们在激烈的市场竞争中脱颖而出。无论是在动画、游戏、影视还是其他文化产品中,AIGC绘画技术都为角色与IP的设计注入了新的活力,使得创作者能够更自由地探索和实现他们的创意构想。

【练习9】魔法森林精灵

步骤 01 输入提示词。打开即梦AI(或其他AIGC工具),输入关键词:

> 一位与自然元素完美融合的森林精灵,拥有透明的翅膀和发光的魔法杖,绿色长发随风飘动,背景是神秘莫测的森林。

步骤 02 生成创意图像。输入提示词后,设置图片比例为3∶2,单击"立即生成"按钮。系统根据描述自动生成创意图像,生成的图像效果如图4-27所示。

图 4-27

步骤 03 **查看并优化图像效果**。单击任一幅生成的图像，即可查看其详细效果，并进行超清处理。优化后的效果如图4-28所示。

图 4-28

【练习10】盲盒IP

步骤 01 **输入提示词**。打开即梦AI（或其他AIGC工具），输入关键词：

> 该系列盲盒IP图像以复古童话小镇为主题，角色穿着复古服饰，融入各种童话元素，背景是宁静而温馨的小镇风景，每个角色都仿佛在讲述一个梦幻般的童话故事。

步骤 02 **生成创意图像**。输入提示词后，设置图片比例为3∶2，单击"立即生成"按钮。系统根据描述自动生成创意图像，生成的图像效果如图4-29所示。

图 4-29

步骤 03 **查看并优化图像效果**。单击任一幅生成的图像，即可查看其详细效果，并进行超清处理。优化后的效果如图4-30所示。

图 4-30

4.2.6　游戏场景与角色设计的革新

AIGC在游戏设计中的应用正在对传统的创作流程进行革新,带来了前所未有的效率和创意可能性。以往,构建复杂多变的游戏世界和塑造生动鲜明的角色形象往往需要耗费大量的时间、精力和资源,从概念构思到草图绘制,再到最终的3D建模和渲染,每一个环节都需要设计师的精心雕琢。然而,随着AIGC技术的不断进步,这一烦琐的过程正在被极大地简化。

利用先进的算法和深度学习模型,AIGC能够自动生成高质量的视觉内容,包括复杂的游戏环境、细致的角色模型以及丰富的纹理和动画。此外,AIGC还为游戏设计带来了更广泛的创意灵感。AIGC可以分析大量的游戏数据和艺术风格,从中提取出独特的设计元素,帮助开发者打破传统的创作思维,探索新的视觉风格和叙事方式。更重要的是,AIGC还可以根据玩家的反馈和行为数据,实时调整游戏内容,提供个性化的游戏体验,这种能力不仅增强了玩家的沉浸感和参与度,也使得游戏设计更加贴近玩家的需求,从而在竞争激烈的游戏市场中脱颖而出。

【练习11】游戏场景:星际废墟

步骤01 **输入提示词**。打开即梦AI(或其他AIGC模型),输入关键词:

> 一个被遗弃的星际空间站,内部充满了破损的机械部件和未知的科技装置。空间站内部光线昏暗,但偶尔会有能量脉冲照亮某些区域,营造出一种神秘而危险的氛围。

步骤02 **生成创意图像**。输入提示词后,设置图片比例为3∶2,单击"立即生成"按钮。系统根据描述自动生成创意图像,生成的图像效果如图4-31所示。

图 4-31

步骤03 **查看并优化图像效果**。单击任一幅生成的图像,即可查看其详细效果,并进行超清处理。优化后的效果如图4-32所示。

图 4-32

【练习12】游戏人物：机械守护者

步骤 01 **输入提示词**。打开即梦AI（或其他AIGC工具），输入关键词：

> 玩家扮演的角色是一位机械守护者，身穿先进的战斗装甲，拥有操控机械和修复科技装置的能力。他的任务是探索星际废墟，寻找能源核心，重启空间站，并揭示背后的真相。

步骤 02 **生成创意图像**。输入提示词后，设置图片比例为3∶2，单击"立即生成"按钮。系统根据描述自动生成创意图像，生成的图像效果如图4-33所示。

图 4-33

步骤 03 **查看并优化图像效果**。单击任一幅生成的图像，即可查看其详细效果，并进行超清处理。优化后的效果如图4-34所示。

图 4-34

4.3 AIGC图像处理技术与应用

AIGC图像处理技术作为人工智能领域的一个重要分支，正逐渐改变人们对图像处理的传统认知。该技术结合了深度学习、计算机视觉等先进技术，能够自动、高效地完成一系列复杂的图像处理任务。

4.3.1 电商产品背景移除

在电商领域，产品图像的展示效果直接影响着消费者的购买决策。AIGC图像处理技术中的背景移除功能，通过智能识别算法，能够精准地将产品从复杂背景中分离出来，使得产品更加突出、清晰。这种自动化的背景移除不仅节省了设计师的时间，还确保了图片的一致性和专业性，提升了电商产品展示的视觉效果。

【练习13】去除商品背景

步骤 01 **选择AI抠图功能。** 在豆包的"图像生成"界面中，单击如图4-35所示的"AI抠图"功能按钮。

图 4-35

步骤 02 **上传图像。** 单击"AI抠图"按钮后，在弹出的"打开"对话框中选择想要上传的图像。选中后，单击"打开"按钮完成上传，如图4-36所示。

图 4-36

步骤 03 **抠出主体去除背景。** 单击"抠出主体"按钮，系统将开始对图像进行处理，效果如图4-37所示。

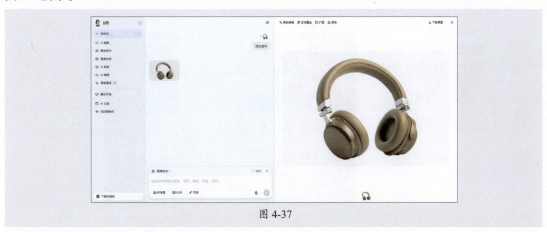

图 4-37

步骤 04 **智能编辑添加背景关键词。** 单击"智能编辑"按钮 智能编辑 ，输入关键词，如图4-38所示。

步骤 05 **生成创意图像。** 单击"发送"按钮 ↑ ，系统将根据描述自动生成与之适配的背景，生成的图像效果如图4-39所示。

图 4-38　　　　　　　　　　　　　　　图 4-39

4.3.2 水印与瑕疵的擦除

在图像处理中，水印与瑕疵往往成为影响图像美观与完整性的重要因素。水印通常是为了保护版权而添加的标识，然而，它们在一定程度上会遮挡图像的主要内容，降低观赏效果。同时，图像中的瑕疵，如划痕、污点或色彩不均匀，也会使图像显得不够完美，影响其整体视觉吸引力。

AIGC技术利用深度学习算法，能够智能识别并精准去除图像中的水印与瑕疵，包括但不限于文字水印、图案水印、划痕、污渍等。这一过程首先通过训练好的模型分析图像的特征，识别出水印和瑕疵的位置。接着，系统运用图像修复技术，结合周围像素的信息，自动填补被去除部分的空白区域，从而恢复图像的完整性与自然感。

【练习14】去除水印

步骤 01 **上传图像**。进入佐糖官网，依次单击"AI图片去水印"按钮和"上传图片"按钮，在弹出的"打开"对话框中选择想要上传的图像。选中后，单击"打开"按钮以完成上传，效果如图4-40所示。

图 4-40

步骤 02 **智能去除水印**。在界面左侧单击"开始处理"按钮，系统自动擦除文字水印，去除效果如图4-41所示。

图 4-41

4.3.3 模糊图片秒变高清图

模糊的图片往往难以传达清晰的信息，给用户带来不便，尤其是在需要准确表达视觉内容的场合。通过先进的深度学习模型，AIGC技术能够有效地恢复图像中的细节和清晰度。具体来说，AIGC技术通过分析模糊图像的特征，识别出其中的模糊模式，并利用训练好的模型进行重建。这一过程不仅能够消除图像中的模糊效果，还能增强细节，使图像看起来更加生动和真实。该技术被广泛应用于电商、摄影、医疗等领域。

【练习15】一键变清晰

步骤 01 **上传图像并用于效果**。在佐糖官网中，依次单击"人像变清晰"按钮和"上传图片"按钮，在弹出的"打开"对话框中选择想要上传的图像。系统自动进行清晰处理，效果如图4-42所示。

图 4-42

步骤 02 **查看效果**。单击图像左上角的"全屏查看"按钮，可在左下角更改查看比例，效果如图4-43所示。

图 4-43

4.3.4 智能调整图像颜色

在智能调整图像颜色方面，AIGC技术能够根据用户需求自动调整图像的亮度、对比度、饱和度等参数，确保图像呈现最佳视觉效果。系统通过分析图像的色彩分布和光照条件，精准识别出最适合的调整方案。此外，AIGC还提供多种滤镜效果供用户选择，如复古黑白、人像胶片等，满足用户对不同视觉效果和艺术风格的需求。无论是摄影后期处理、设计领域还是社交媒体，AIGC技术都能为用户带来了丰富的图像处理体验。

【练习16】胶片感场景配色

步骤 01 上传图像。打开美图云修软件，进入主界面。拖动素材至软件中，如图4-44所示。

图 4-44

步骤 02 应用胶片滤镜效果。单击"滤镜"选项按钮，展开"胶片"选项，单击"日系"滤镜后调整浓度为100，应用效果如图4-45所示。

图 4-45

步骤 03 叠加滤镜效果。 单击"图像调整"选项按钮■，展开"AI滤镜"选项，单击"浓郁胶片"后调整滤镜浓度为6，应用效果如图4-46所示。

图 4-46

步骤 04 添加胶片颗粒感。 在"图像调整"界面中向下滑动，展开"细节"选项，设置胶片颗粒感为69，应用效果如图4-47所示。

图 4-47

4.3.5 图像的创意扩图

图像创意扩图是AIGC技术的又一创新应用。这项技术能够根据图像的内容和风格，智能推测并生成自然的扩展区域，从而实现图像的无缝延伸。在这个过程中，AIGC系统会分析原始图像的色彩、纹理和构图特征，利用深度学习算法生成与原图风格一致的扩展部分，确保最终结果既连贯又美观。这项技术在旅游摄影、壁纸制作等领域都有广泛的应用，为用户提供更多样化的图像处理选择。

【练习17】古风人物扩图

步骤01 上传图像并调整扩展尺寸。在豆包的"图像生成"界面中，单击左上角的"扩图"功能按钮。导入素材图像后，调整扩图的尺寸，如图4-48所示。

图 4-48

步骤02 查看扩图效果。单击图像下方的"按新尺寸生成图片"按钮，系统自动扩图，效果如图4-49所示。

图 4-49

4.3.6 老照片的智能修复

随着时间的流逝，老照片常常会出现褪色、划痕或污点，这些损伤不仅损害了照片的外观，也使得宝贵的历史记忆变得模糊不清。传统的修复方法往往费时费力，需要专业的技术和工具，且修复效果不一定理想。AIGC技术的出现，为老照片的修复带来了全新的解决方案。利用智能算法，AIGC技术能够自动对这些老照片进行修复，大幅简化了修复流程。该技术能够识别并修复图像中的损坏部分，恢复其原有的色彩和细节。这一技术的普及，实现了对老照片的保护和传承，帮助更多的人珍藏和分享他们的历史故事。

【练习18】老照片上色

步骤01 导入参考图像。 在即梦AI的"AI作图"界面中，单击文本框中的"导入参考图"按钮，上传如图4-50所示的图像。

图 4-50

步骤02 输入提示词。 输入关键词：

将该图转换为彩色图像效果，背景中的旗帜、遮阳篷等可以使用鲜艳的颜色，如红色、蓝色或黄色。顾客和摊贩的服饰可以根据他们的活动状态来选择颜色。

步骤03 生成创意图像。 单击"立即生成"按钮，系统将根据描述和参考图进行上色处理，生成的图像效果如图4-51所示。

图 4-51

步骤04 查看并优化图像效果。 单击任一幅生成的图像，即可查看其详细效果，并进行超清处理。优化后的效果如图4-52所示。

图 4-52

4.4 AIGC应用实战：诗画同源——古诗词绘画新体验

本练习旨在通过中国传统诗词与AIGC绘画相结合，为传统文化的传承与创新提供新的思路和可能。通过将那些流传千古的诗词佳句转化为一幅幅生动鲜活、意境深远的画作，以此作为探索文化与艺术深度融合的一次实践。

步骤01 主题确定。确定主题后，借助AIGC生成相关的设计方案。打开文心一言（或其他AIGC工具），输入提示词：

> 借助AIGC绘画生成和古诗相符的图像，有什么好的古诗与绘画方案，例举二三个。

步骤02 灵感激发。智谱清言根据该提问生成方案。

> 借助AIGC绘画生成与古诗相符的图像，是一个融合文学与艺术的创意过程。以下是三个结合具体古诗与AIGC绘画的方案，旨在通过现代技术展现古诗的独特意境。
>
> **方案一：《登鹳雀楼》壮丽山河图**
>
> 古诗内容：王之涣的《登鹳雀楼》描绘了诗人登上鹳雀楼后看到的壮丽山河，表达了诗人积极向上的进取精神。
>
> **绘画方案**
> - 关键词与风格：使用如"夕阳余晖、滔滔江水、连绵山脉、鹳雀楼剪影、壮丽山河、中国水墨画风格"等关键词。
> - 画面构想：画面以夕阳为背景，滔滔江水流向远方，连绵山脉在夕阳下显得雄伟壮丽。鹳雀楼作为画面的主体，其剪影在夕阳余晖中格外醒目。整个画面采用中国水墨画风格，以简洁的线条和淡雅的色彩营造出深远的意境。
>
> **方案二：《江南春》江南水乡图**
>
> 古诗内容：杜牧的《江南春》描绘了江南水乡的美丽景色和春天的气息，诗中融入了历史和文化元素。
>
> **绘画方案**
> - 关键词与风格：使用如"江南水乡、绿树红花、小桥流水、烟雨蒙蒙、古镇风情、中国油画风格"等关键词。
> - 画面构想：画面以江南水乡为背景，绿树红花掩映下的小桥流水显得格外宁静。远处的古镇在烟雨蒙蒙中若隐若现，增添了几分神秘感。整个画面采用中国油画风格，以丰富的色彩和细腻的笔触描绘江南水乡的美丽景色和春天的气息。
>
> **方案三：《江雪》孤舟寒江图**
>
> 古诗内容：柳宗元的《江雪》描绘了一幅孤寂而壮美的画面，一位老翁在寒冷的江面上独自垂钓，四周白雪皑皑，万籁俱寂。
>
> **绘画方案**
> - 关键词与风格：使用如"孤舟、寒江、白雪覆盖、老翁垂钓、寂静无声、中国水墨画风格、留白艺术"等关键词。
> - 画面构想：画面以一片广阔的寒江为背景，江面上漂浮着一叶孤舟，身上有一位老翁

正静静地垂钓。四周被白雪覆盖，天地一片银装素裹，营造出一种孤寂而壮美的氛围。画面大量运用留白艺术，通过简洁的线条和淡雅的色彩，以及巧妙的构图，展现出《江雪》所蕴含的深远意境。整个画面采用中国水墨画风格，既体现了古诗的韵味，又展现了AIGC绘画技术的独特魅力。

这些方案结合了古诗的内容和意境，以及AIGC绘画技术的特点，旨在通过现代技术展现古诗的独特魅力和深远意境。

步骤03 **设置图像格式并输入关键词**。打开豆包AI，进入到"图像生成"界面，设置比例为16∶9，绘画风格为"水墨画"，输入关键词：

画面以一片广阔的寒江为背景，江面上漂浮着一叶孤舟，舟上有一位老翁正静静地垂钓。四周被白雪覆盖，天地一片银装素裹。中国水墨画风格、留白艺术。

步骤04 **生成创意图像**。单击"立即生成"按钮，效果如图4-53所示。

图 4-53

步骤05 **保存图像**。选择目标图像保存，效果如图4-54所示。

图 4-54

AIGC

第5章
数字音频编辑高手

音频不仅是娱乐和传播的工具，更成为信息交流、教育学习等多个领域的核心载体。随着AIGC技术的融入，数字音频的生成、编辑及应用变得愈加便捷和高效。AIGC技术不仅能够模拟真实音频，还能根据需求快速生成符合特定要求的音效、配乐及配音，为音频创作提供全新的视角和可能性。本章对AIGC技术在数字音频编辑领域中的应用进行详细介绍。

5.1 了解音频那些事

声音在生活中扮演着至关重要的角色。它不仅是人与人之间沟通的桥梁，也是情感和思想表达的载体。声音能引起人们强烈的共鸣和回忆，让人们用独特的方式建立起自己与他人的联系。

5.1.1 声音和波形图

声音是由物体振动产生的波动，通过介质（如空气、水或固体）传播，最终被人的耳朵接收并传递给大脑，进而被识别为声音。声音的基本特性包括频率（音高）、振幅（音量）和波形（音质）。频率决定声音的高低，振幅影响声音的强弱，波形则决定声音的色彩或质量（如不同乐器的音色）。

波形图是描述声音振动模式的图像，显示声音在时间上的变化。波形图中横轴表示时间，纵轴表示振动的幅度（也称为振幅）。通过观察波形，可以了解声音的各种特性，如频率、振幅、周期、波长、相位等，如图5-1所示。

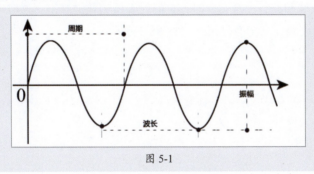

图 5-1

- **横轴：** 表示时间线。通常以s（秒）或ms（毫秒）为单位。
- **纵轴：** 表示振动的幅度，即声音的强度或响度。振幅越大，声音越响；振幅越小，声音越弱。
- **频率：** 波形在单位时间内重复的次数。通常以Hz（赫兹）为单位。频率决定声音的音高。高频率的声音（高音）听起来更尖锐；低频率的声音（低音）听起来更低沉。波形图上，频率高的波形的波峰和波谷更加密集。
- **振幅：** 振动物体离开横轴的最大距离，以dB（分贝）为单位。振幅的大小，表明声波携带能量的大小。振幅越大，声音越响；振幅越小，声音越安静。
- **周期：** 波形完成一个完整振动所需的时间。频率越高，周期越短；频率越低，周期越长。
- **波长：** 波形在一个周期内传播的距离。常以m（米）为单位。波长与频率成反比，频率越高，波长越短；频率越低，波长越长。
- **相位：** 用于表示周期中波形的位置，以度为单位（共360°），也称相角。零点为起始点，当相位为90°时则处于高压点；当相位为180°时第一次回归零点；当相位为270°时则处于低压点；当相位为360°时会再次回到零点。

当两条或多条声波在空气中传播时，它们会发生叠加现象，这种现象称为"叠音"。叠音的相位的不同，产生的效果也不同。

（1）同相位叠加。

当两个声波的波峰和波谷完全重合时，它们处于同相叠加状态。这种情况下，声波的振幅就会增加，声音会变得更大更响亮，如图5-2所示。

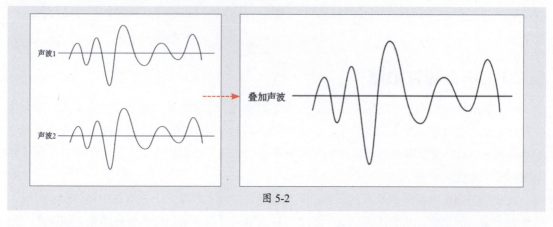

图 5-2

（2）反相位叠加。

当两个声波的波峰和波谷完全相反时，它们处于反相叠加状态。这时声波的波峰和波谷相互抵消，会导致声音变弱或完全静音状态，如图5-3所示。

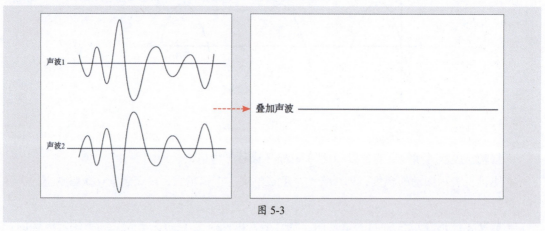

图 5-3

（3）混合相位叠加。

当两个不同频率、不同振幅的声波进行叠加，会得到混合声波。这种声波会掺杂各种不同的声音（人声、音乐声、噪声等），如图5-4所示。

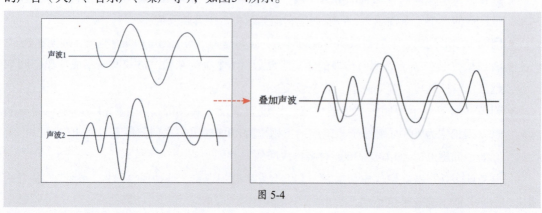

图 5-4

5.1.2 从模拟音频到数字音频

音频可分为模拟音频和数字音频两种。

模拟音频是将连续不断变化的声波信号通过某种方式转换成可记录或传输的电信号。这种电信号也是连续变化的，与原始声波在波形上保持相似，只不过是以电的形式存在。在早期的录音和广播技术中，模拟音频是比较流行的方式。例如，磁带录音机就是通过磁头将模拟音频信号记录在磁带上。当播放磁带时，磁头再将这些信号转换成声波，通过扬声器播放出来。如图5-5所示。

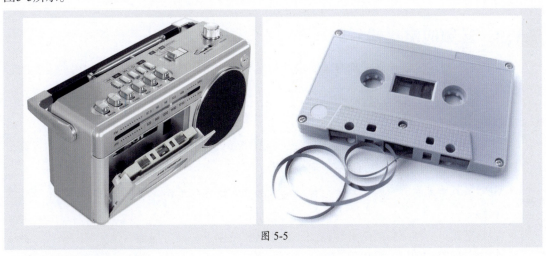

图 5-5

模拟音频的特征如下。
- **连续性**：模拟音频信号是连续的，能够无缝地表示声音的变化。
- **波形**：模拟音频的波形与原始声音波形相似，保留了声音的所有细节和动态范围。
- **噪声**：模拟信号容易受到干扰和噪声的影响，可能会导致音质下降。

随着数字技术的发展，模拟音频逐渐被数字音频所取代。数字音频是将模拟音频信号转换成一系列的数字代码，代表声音信号在不同时间点的强度。虽然数字音频在处理、存储和传输上更加高效和方便，但模拟音频在某些方面（如音质、情感表达）仍然具有独特的魅力。

数字音频的特征如下。
- **离散性**：数字音频信号是离散的，表示为一系列的数字值。
- **采样率**：数字音频通过在一定时间间隔内采样声音波形来捕捉音频信息，常见的采样率有44100Hz（CD音质）和48000Hz（专业音频）。
- **比特深度**：比特深度决定了每个样本的精确度，比较常见的有16位、24位等。

模拟音频和数字音频各有特点和优缺点。模拟音频以其自然的音质受到许多音乐爱好者的青睐，而数字音频因其便捷性和稳定性在现代音频应用中占据主导地位。表5-1所示的是两种音频的特性区别。

表 5-1

特性	模拟音频	数字音频
信号类型	连续信号（在时间线上是连续的）	离散信号（在时间线上是断开的，由多个数据序列组成的）

（续表）

特性	模拟音频	数字音频
记录方式	通过物理介质（如磁带、黑胶唱片）	通过采样和量化
音质	自然、温暖，保留更多细节	稳定、清晰，压缩会丢失细节
噪声与干扰	易受干扰，会产生噪声	不易受干扰，音质稳定
存储与复制	容易劣化，不宜存储	易于存储、复制和分享
常见格式	黑胶、磁带、AM/FM广播	WAV、MP3、FLAC、AAC

5.1.3 音频的常见格式

音频格式有很多，每种格式都有其特定的用途、优缺点和适用场景。下面对一些常见的音频格式进行介绍。

1. 有损音频格式

有损音频格式包括MP3、AAC、WMA、OGG等。它们都在压缩过程中丢失一些音频信息，以此缩小文件大小，比较适合一般听歌需求。

- **MP3格式**：主流的音频格式。有良好的音质与文件大小平衡，被广泛用于音乐下载和流媒体。
- **AAC格式**：一种更高级的音频格式。在相同比特率下，其音质通常优于MP3格式，被广泛用于流媒体和数字广播。
- **WMA格式**：微软系统开发的一种有损音频格式，其音质与MP3相当，适用于Windows平台。

2. 无损音频格式

无损音频格式包括WAV、FLAC、ALAC、AIFF等。它们在压缩过程中不会丢失任何音频信息，最大限度保留原始音频数据，音质相对比较高，但文件会比较大。

- **WAV格式**：音质非常高。它会保留所有音频细节和动态范围，更接近于原始音频。适用于专业音频制作、录音和编辑领域。
- **FLAC格式**：一种开源的无损压缩音频格式。它在保持音质的同时减小文件大小，适用于高保真音频存储。
- **ALAC格式**：由苹果公司开发，与FLAC格式相似，但它在苹果系统（如iTunes、iPhone、iPad、Mac等）上具有很好的兼容性。ALAC的压缩效率要比FLAC低一些。由于是无损压缩，它的比特率会根据音频内容的复杂性而变化，适用于不同的音频质量需求。
- **AIFF格式**：由苹果公司开发，类似于WAV格式。具有高音质特点，适用于专业音频的制作与应用。

3. 其他格式

除了以上音频格式外，还有其他的一些常见格式，如M4A格式、BWF格式、DSD格式等。

- **M4A格式**：使用AAC编码的MPEG-4标准存储文件，常用于苹果系统的设备上。它能够在较低比特率下提供高质量的音频，在音质上优于MP3格式。

- **BWF格式**：一种扩展的WAV格式。它能够包含丰富的元数据，包括艺术家、专辑、曲目名称、封面图片等信息。适用于广播和专业音频制作，便于音频文件管理。
- **DSD格式**：一种高解析度音频格式。它可提供非常高的音质，尤其在高频和动态范围方面，比标准CD音质还要好，适合音频发烧友使用。该格式文件很大，不方便存储和传输。在兼容性方面比较低，用户只能在特定的硬件和软件中才能播放该格式文件。

5.1.4　音频的声道制式

声道制式是指音频信号中声道的配置方式，决定音频在空间中的分布方式。声道制式的选择对音频的空间感、清晰度和沉浸感有重要影响。常见的声道制式有单声道、立体声道、环绕立体声等。

1. 单声道

单声道音频使用一个声道传输声音。所有音频信号都通过这一个声道播放。无论使用多少个扬声器或耳机，播放的音频信号都是相同的，缺乏空间感，但文件较小。适合语音录音和播客等内容。

2. 立体声道

立体声道使用两个独立的声道（左声道和右声道）传输声音信息。这种配置方式能够模拟声音的来源，提供空间感和方向感。

立体声道可增强听觉体验，在音乐和电影制作中，立体声音频能够更好地展现声音的层次和细节，但文件体积较大。录制或音频处理需更复杂的设备和技术，以确保两个声道的同步和质量。

3. 环绕立体声

环绕立体声使用多个声道（通常是5个或更多）在空间中不同位置播放，从而创造声音环绕效果。这种技术不仅保留声音的方向感，还增强声音的纵深感、临场感和空间感，使听众仿佛置身于音乐或电影的场景之中。常见的环绕声道配置有5.1声道、7.1声道两种。

- **5.1声道**：包括左前（LF）、右前（RF）、中置（C）、左后（LB）、右后（RB）和一个低音炮（LFE）。常用于家庭影院、电影、电视节目和游戏。
- **7.1声道**：在5.1声道基础上增加左侧（LS）和右侧（RS）两个声道。常用于高级家庭影院系统、高端游戏和电影音轨。

5.2　完美生成配音及配乐

AIGC凭借其强大的生成能力，已经能够完美地模拟各种声音和乐曲，满足不同场景下的需求。从精准的语音合成到情感丰富的音乐创作，AIGC提供前所未有的便捷和高效性。

5.2.1　配音及配乐生成工具

利用AIGC技术可以自动生成符合要求的声音和音乐，并广泛应用于广告制作、视频配乐、语音合成等多个领域。表5-2所示是一些常用的配音及配乐生成工具，供用户参考。

表5-2

工具	介　　绍
通义听悟	阿里云匠心打造的一款AI音视频智能转录神器，专注于音视频内容的智能处理，旨在提高用户在工作和学习中的效率。该工具依托于阿里云前沿的AI技术，实现高精度的音视频转写，以确保信息的完整性和准确性
网易天音	由网易推出的AI语音识别与语音合成工具，主要应用于语音识别、语音转写、语音合成等领域。该工具结合网易在人工智能领域的技术优势，尤其在自然语言处理和语音识别上的研究，致力于为用户提供高效、智能的语音解决方案
Resemble AI	基于人工智能的语音合成工具，主要用于生成高质量的定制语音。该工具使用先进的深度学习技术，能够创建个性化、自然流畅的语音，并广泛应用于广告、游戏、虚拟助手、播客等多个领域
海绵音乐	AI音乐创作工具，专注于为用户提供自动的音乐生成和创作服务。该工具采用深度学习技术，能够根据用户的需求，生成各种风格的音乐

5.2.2　精准高效录音的转写

录音转写是通过语音识别技术将录制的内容自动转写成文字记录，提升工作效率，减少人工错误。

【练习1】纪录片语音转文字

下面就以转写央视《读书的力量》纪录片（部分）语音为例，介绍通义听悟工具中的语音转文字功能操作。

步骤01　登录网站，单击上传按钮。 进入并登录通义听悟工具官方网站（https://tingwu.aliyun.com/home），单击"上传音视频"按钮，如图5-6所示。

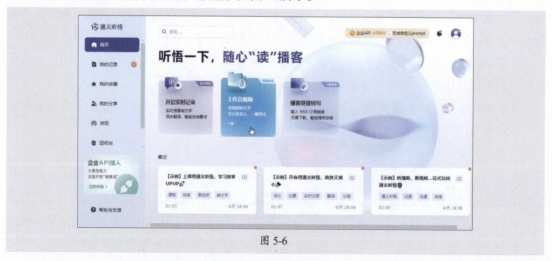

图 5-6

步骤02　上传语音并设置参数。 在打开的"上传音视频"窗口中，单击"上传本地音视频文件"按钮，打开"上传本地音视频文件"对话框。将纪录片语音拖动至此处，将"区分发言人"参数设为"多人讨论"，如图5-7所示。

步骤 03 **开始转写**。单击"开始转写"按钮，系统自动对上传的音频进行处理。处理完成后引导用户在系统"默认文件夹"界面中找到处理的文件。

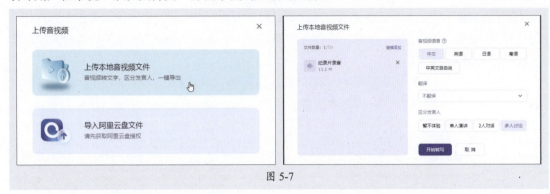

图 5-7

步骤 04 **查看转写内容**。单击打开文件，即可查看转写的文章内容，包括文章的关键词、全文摘要、原文以及发言人所讲诉的内容，如图5-8所示。

步骤 05 **标记重要内容**。用户可以对重要的内容进行标记。单击所需内容的"标记为重点"按钮，可将该内容标记为重点内容，如图5-9所示。

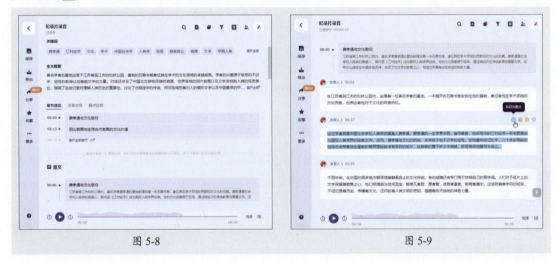

图 5-8　　　　　　　　　　　　　　图 5-9

步骤 06 **摘取内容概要**。如果需要摘取内容概要，或每一段内容概要，可在相应的概要内容上方单击"复制"按钮，将其粘贴至本地文档，或粘贴至右侧笔记栏中，如图5-10所示。

图 5-10

步骤 07 **整理笔记栏中的文字**。在笔记栏中可对摘要内容进行编辑整理，也可对其格式进行一些基本的设置。

步骤 08 **摘取全文**。如果需要摘取全文内容，可在界面上方单击"批量摘取"按钮，在打开的选项栏中选择"摘取全文"按钮，在打开的提示窗口中单击"确定"按钮，即可将其摘取至笔记栏中，如图5-11所示。

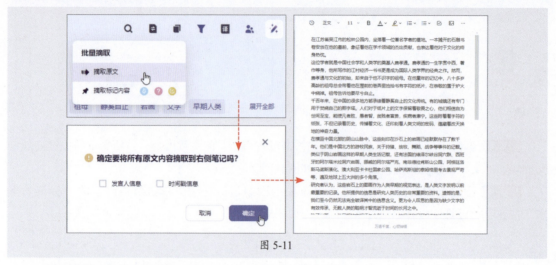

图 5-11

步骤 09 **复制粘贴到本地文档**。在笔记栏中将调整好的文章再复制粘贴至本地文档中，即可完成语音转换操作。

5.2.3 引人入胜的有声书配音

有声书用声音表达故事情节，主要依赖说书人的声音而存在。有声书可以让人们在忙碌的生活中利用碎片时间听书，以便在短时间内获取更多知识内容。

以往制作一份有声书往往需要一个团队的配合，即消耗了大量的时间，又提高了制作成本。现在有AIGC技术的加持，使得有声书的制作变得简单、高效，甚至只需一人就能完成整本书的创作。

【练习2】为创作的故事配音

下面利用"声咔"工具为创作的职场故事进行配音。"声咔"是一个智能、快捷、高效的音频制作平台，可以进行文本配音、音频变声、声伴分离等功能，能够帮助用户轻松地完成各类声音创作，适用于多种场景和需求。

步骤 01 **输入创作提示词**。打开"文心一言"工具，输入故事创作的提示词。

> 请写一段故事。内容梗概：初入职场的梅小凡被各种职场霸凌，她没有退缩，依然保持一颗初心与努力的态度，进入公司高层，最终赢得了领导的赏识。

生成内容如下（节选）：

> **梅小凡：职场迷雾中的璀璨星光**
> 在都市的钢铁森林中，梅小凡，一个怀揣梦想与坚韧意志的女孩，踏入她梦寐以求的国

际知名企业大门。然而，初入职场的她，并未迎来想象中的阳光大道，反而被卷入了一场职场阴谋的漩涡。

梅小凡被分配到市场部，一个看似光鲜实则暗流涌动的部门。她的到来，似乎触动了一些人的敏感神经。一些老员工，利用手中的权力和资源，开始对她进行排挤和打压。他们不仅故意分配给她难以完成的任务，还在背后散布谣言，诋毁她的名誉。更可怕的是，他们似乎还联手制造了一场"意外"，让梅小凡在一次重要会议中出丑，企图让她知难而退。

……

步骤 02 登录"声咔"网站，输入故事内容。打开并登录声咔网站（https://peiyin.soundcos.com/aiedit），进入"配音软件"界面，将故事中的一节内容复制到文本框中，如图5-12所示。

图 5-12

步骤 03 选择并试听主播音色。单击右侧主播头像面板，展开音色设置面板，选择所需的主播音色（普通会员只能选择默认的4种音色）。单击"播放"按钮可试听音色，如图5-13所示。

步骤 04 试听配音内容。将光标放置在文本起始处，单击工具栏中的"试听"按钮，可试听配音内容，如图5-14所示。

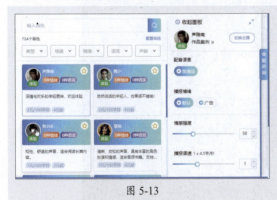

图 5-13

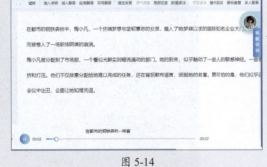

图 5-14

步骤 05 调整配音选项。在试听过程中，用户可以利用工具栏中的按钮调整配音，例如设置插入停顿、插入静音、插入音效、背景音乐等，如图5-15所示。用户可以根据实际情况设置，这里就保持默认即可。

图 5-15

步骤 06 合成配音，下载文件。调整完成后，单击界面上方"立即合成"按钮，可将当前文字转换成语音。单击语音后的"操作"按钮，在打开的列表中选择"下载文件"选项，可下载转换的语音文件，如图5-16所示。

图 5-16

5.2.4 氛围拉满的有声书配乐

在有声书中加入背景乐可以营造特定的氛围和场景，烘托人物情感，增强故事连贯性以及提升听众体验。

【练习3】为创作的故事配乐

下面利用"海绵音乐"工具为以上生成的有声故事进行配乐，从而丰富故事内容。

步骤 01 进入海绵音乐创作界面。打开并登录海绵音乐官网，单击"创作"按钮，进入创作界面，如图5-17所示。

图 5-17

步骤 02 启动纯音乐，输入提示词。如图5-18所示，开启"纯音乐"模式，并在"灵感创作"选项卡中输入所需提示词。

请创作一段充满紧张氛围的旋律，旨在增强有声故事情节的紧迫感与悬疑性，适合作为背景配乐使用。

步骤03 生成并播放音乐。 单击"生成音乐"按钮，稍等片刻系统会生成3段音乐，并自动播放试听，如图5-19所示。

图 5-18

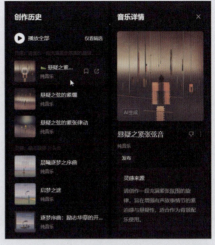

图 5-19

步骤04 下载音乐。 如果不满意，可再次单击"生成音乐"按钮重新生成，直到满意为止。选择好生成的音乐，单击"分享"按钮，选择"下载视频"选项，将其下载至本地电脑中，如图5-20所示。

步骤05 转换音乐格式。 当前下载的是视频，用户可利用"格式工厂"工具将该视频转换成音频，以方便后期编辑操作。打开"格式工厂"，将配乐视频拖至转换界面中，设置好转换格式，进行转换操作，如图5-21所示。

图 5-20

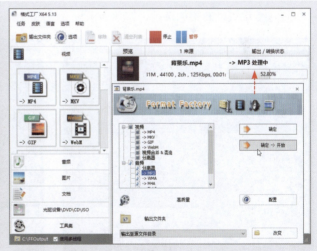

图 5-21

5.2.5 生成符合主题的歌曲

音乐创作曾经被视为一项专业技能，需要长期的训练和实践。然而，有了AIGC技术的支持，普通人也可以通过各类智能作曲软件、音乐生成算法等工具实现音乐创作的梦想。

【练习4】创作毕业之歌

下面使用"海绵音乐"工具来创作一首关于毕业季歌曲。

步骤01 输入歌词提示词。打开并登录"海绵音乐"官方网站，单击"创作"按钮，进入"定制音乐"创作界面，选择"自定义创作"模式，单击"灵感生词"按钮，并输入歌词提示词，如图5-22所示。

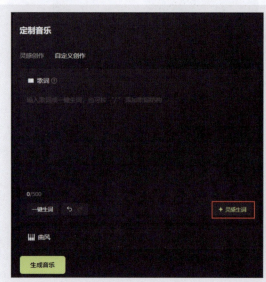 

图 5-22

步骤02 生成歌词。单击"开始作词"按钮，系统按照给定的主题生成相应的歌词内容。如不满意，可单击"换一首"按钮重新生成，如图5-23所示。

步骤03 设置歌曲相关选项。按照需求设置歌曲的曲风、心情和音色，如图5-24所示。

图 5-23　　　　　　　　　　　　　图 5-24

步骤04 生成并下载歌曲。单击"生成音乐"按钮，即可生成3段歌曲，如图5-25所示。选择满意的歌曲将其下载至本地磁盘中。

图 5-25

5.3 混音降噪一键编辑

随着AIGC技术的出现,音频编辑过程越来越自动化和智能化。它不仅能自动识别并优化音频细节,还能一键添加各类音频效果,极大提升音频的创作效率和质量。下面着重介绍AIGC在音频编辑领域的应用技巧。

5.3.1 音频编辑常用工具

说起音频编辑工具,最受音乐人欢迎的就属Audition软件了。该软件是Adobe公司推出的一款专业的音频编辑软件,集成了人工智能技术,可帮助用户快速对音频进行降噪、修复和音效处理,以及音频的智能提取等操作,大大提升了用户创作效率,如图5-26所示。

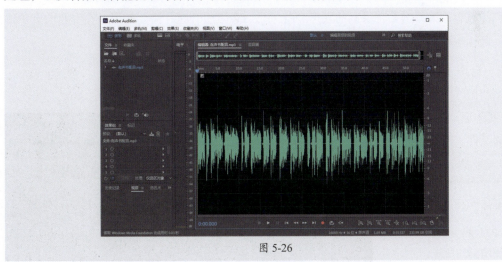

图 5-26

Audition软件核心功能介绍如下。

- **多轨混音**:同时对多个音频进行处理。用户可以将背景乐、人物配音、音效等多种音频元素组织在不同的轨道上,通过拖放的方式轻松排列和调整。还可对每条轨道单独添加效果、设置静音或独奏。

- **单轨编辑**：针对单个音频进行编辑操作。用户可以对音频进行精细化处理，适用于修正和优化音频的每一个细节。
- **音频修复与降噪**：自动识别并清理音频中的噪声源。例如背景噪声、口水音、嘶嘶声等。使用修复工具可快速移除录音中的爆音或脉冲噪声。
- **实时音效**：软件内置了多种高品质的效果器，包括均衡器、压缩器、混响、延迟等，用户可以直接加载这些效果器，以调整并优化音频质量。

除Audition这类专业级工具外，还有其他一些好用的AIGC编辑小工具，例如剪映、Vocalremover等。

表5-3

工具	简　介
剪映专业版	由抖音官方推出的视频编辑应用。提供全面的视频剪辑功能，其中包括音频调整。利用剪映可以进行音频的提取、音频变速、音频降噪、音频变声、音效添加等操作
闪电音频剪辑	一款专业高效的音频剪辑工具。提供剪切、合并、混音、降噪、淡入淡出、音频变调、音频变速、提取人声、消除人声等多种编辑功能，支持多轨编辑，无论是音频爱好者还是专业音乐制作人，都可以利用这款软件轻松制作高质量的音频作品
Vocalremover	一款基于人工智能技术的在线音频处理工具，其核心功能在于能够精准地去除音频文件中的人声部分，同时保留伴奏或其他背景音乐
AudioMass	一款免费、开源的在线音频和波形编辑器，无需下载软件或安装插件。它可以对音频中某一片段单独应用效果，操作非常灵活。它具备节奏和速度调整工具、失真、延迟、反转、混响等音效，以及压缩、剪切、修剪、复制等基础功能。对初学者十分友好

5.3.2　无缝衔接的音频拼接

在创作过程中如果需要将录制的人声和背景乐、音效组合时，需要使用一些专业的音频编辑工具。例如Audition软件、剪映工具等。

【练习5】有声书音频的合成

下面利用"剪映"工具对有声书的配音和配乐进行拼接，使其完美融合。

步骤01 启动"剪映"，加载音频文件。 打开并登录"剪映"专业版，在首页面中单击"开始创作"按钮进入创作界面。将有声书的配音和背景乐直接拖至时间轴中，如图5-27所示。

图 5-27

步骤 02 **设置背景乐音量**。选中背景乐，按住Ctrl键的同时向上滚动鼠标中键，可放大时间轴。在界面右侧"基础"面板中，调整背景乐的音量值，如图5-28所示。

步骤 03 **调整配音位置**。在时间轴中选择配音轨道，将其拖至合适位置，如图5-29所示。

步骤 04 **分割配音文件**。将播放指针定位至00:00:32:21处，单击"分割"按钮 Ⅱ，将配音进行分割，如图5-30所示。

步骤 05 **添加空白帧**。将分割后的配音文件向右拖动至00:00:37:23位置处，以添加空白帧，如图5-31所示。

步骤 06 **分割背景乐文件**。保持播放指针的位置不变，在时间轴中选择背景乐轨道，单击"分割"按钮进行分割，如图5-32所示。

图 5-28

图 5-29

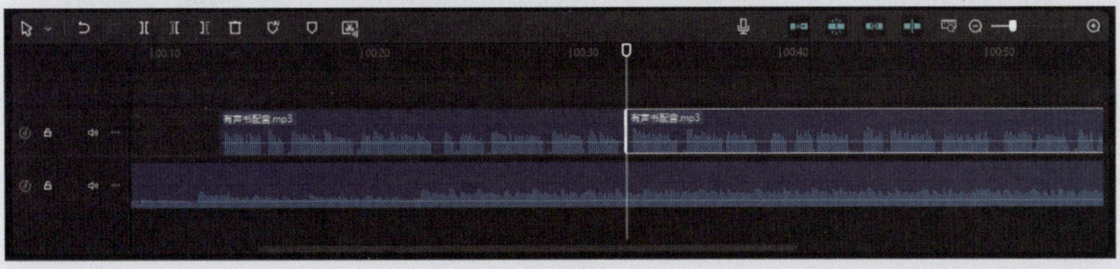

图 5-30

图 5-31

图 5-32

步骤 07 **设置背景乐淡出时长**。选择第一段背景乐，在"基础"选项卡中设置"淡出时长"，如图5-33所示。

步骤 08 **再次调整背景乐音量**。删除第二段背景乐。然后再在"基础"选项卡中调整背景乐的音量，如图5-34所示。

图 5-33　　　　　　　　图 5-34

步骤 09 **试听音频合成效果**。设置完成后，将光标放置时间轴起始处，按回车键即可对当前编辑的音频进行试听，如图5-35所示。

图 5-35

步骤 10 **导出合成的音频**。音频确认无误后，单击界面右上角"导出"按钮，在打开的"导出"窗口中设置标题及导出路径。取消勾选"视频导出"选项，勾选"音频导出"选项，其他保持为默认，如图5-36所示。

步骤 11 **完成导出操作**。单击"导出"按钮，稍等片刻将编辑的音频片段进行导出。

图 5-36

5.3.3 纯净无暇的音频降噪

音频降噪就是将音频中的杂音（如口水音、呼吸音、环境噪声、电流音等）进行清除，以优化音频音质。音频降噪工具有很多，其中Audition降噪功能就很好用。

Audition有自动降噪和手动降噪两种方式。如果自动降噪没有处理干净，用户可手动降噪处理，以确保音质的纯净程度。此外，软件还内置了多种降噪效果器，用户可以根据需求选择相应的降噪器进行操作，如图5-37所示。

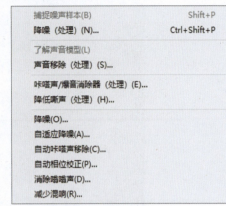

图 5-37

- **降噪（处理）**：可自动检测音频中的噪声部分，包括磁带嘶嘶声、麦克风背景噪声、电线嗡嗡声等。通过捕捉并分析噪声样本后，自动去除音频噪声。该效果器会尽量保持原声部分不受影响，确保音频的自然度和真实感。
- **声音移除（处理）**：当出现如电话铃声、无线电干扰或其他背景噪声时，声音移除效果器能够分析这些噪声，并生成一个与之相对应的声音模型。该模型被用来从整个音频中移除这些不想要的噪声，使得主要音频内容更加突出。
- **咔嗒声/爆音消除器**：去除音频中的麦克风爆音、轻微嘶声和噼啪声等不希望出现的噪声。
- **降低嘶声（处理）**：用于减少或消除音频中的嘶嘶声，如磁带老化、麦克风问题或录音环境不佳等，从而使音频更加清晰和纯净。该效果器会尽量保持音频的原有音质，避免对音频造成不必要的损伤或失真。
- **自适应降噪**：能够根据音频中噪声的变化情况，动态地调整降噪参数，从而更有效地去除背景噪声。这种动态处理能力使得它在处理如采访、户外录音等复杂环境中的音频时尤为有效。
- **自动咔嗒声移除**：自动检测和移除音频中的咔嗒声、爆音等不想要的声音。如录音设备的问题、录音环境的噪声、录音过程中的误操作等。
- **自动相位校正**：用于解决音频在录制或传输过程中可能出现的相位不一致问题。相位不一致可能导致音频在混合或播放时出现相位抵消、声音模糊或失真等问题。
- **消除嗡嗡声**：用于减少或消除音频中的嗡嗡声。这种噪声在音频录制中很常见，特别是在使用电子设备录音时，可能会对音频质量造成严重影响。一旦检测到嗡嗡声，该效果器会尝试通过滤波、相位抵消或其他技术手段来减少或消除这些噪声。
- **减少混响**：用于减少或消除音频中的混响效果。当录音环境存在大量的声音反射时，录音中会包含大量的混响成分，会使音频听起来更加"空旷"。过度的混响会干扰音频的清晰度。通过消除混响，音频的音质可以得到显著提升，使听众更容易分辨音频中的细节和层次。

【练习6】**消除人声中的噪声**

下面利用Audition的降噪功能对录制的人声进行噪声消除操作。

步骤01 在操作界面中加载文件。启动Audition软件,将"录制人声"音频文件拖至操作界面中,如图5-38所示。

图 5-38

步骤02 选择噪声区域。按Ctrl键并向上滚动鼠标中键放大时间轴。将播放指针定位至音频起始处,拖动指针至合适位置,选中起始处的一段噪声区域,如图5-39所示。

步骤03 设置降噪参数。在菜单栏中选择"效果"|"降噪/恢复"|"降噪(处理)"选项,打开"效果-降噪"对话框,单击"捕捉噪声样本"按钮,捕捉当前选区作为噪声样本。随后单击"选择完整文件"按钮,选中时间轴中完整的音频波形,如图5-40所示。

图 5-39

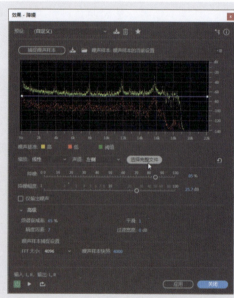

图 5-40

步骤04 调整降噪效果。拖动"降噪"和"降噪幅度"滑块,调整参数。用户可按空格键一边试听效果,一边调整参数值,以达到最佳的降噪效果,如图5-41所示。

步骤05 应用降噪效果。设置完成后单击"应用"按钮,此时音频中与之相同的噪声已被清除,如图5-42所示。

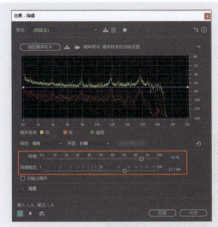
图 5-41

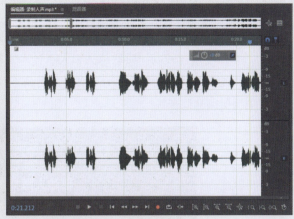
图 5-42

步骤 06 清除其他噪声。在试听过程中，发现还有几处"嘀嘀"的电流声。这时可选择其中一个电流声，重复以上操作进行清除，如图5-43所示。

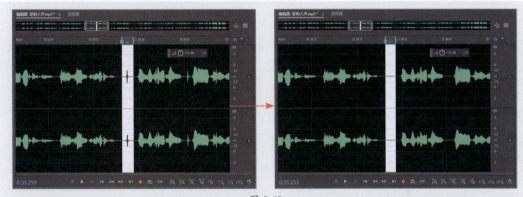
图 5-43

步骤 07 手动清除噪声点。在该音频中还有几处"嘀"声掺杂在人声里，这时为了保证人声的音质不受损，需进行手动清除。在工具栏中单击"显示频谱频率显示器"按钮，显示频谱图。单击"污点修复画笔工具"按钮，在频谱图中选择该噪点位置进行涂抹，即可消除该噪声，如图5-44所示。**清除其他噪声点**。按照同样的操作，清除其他几处噪点。在菜单栏中选择"文件"|"另存为"选项，将该音频进行保存即可。

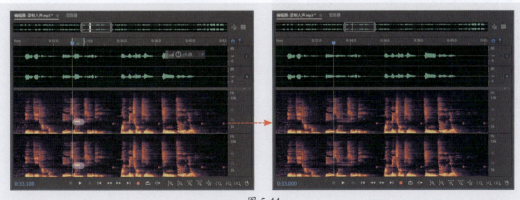
图 5-44

5.3.4 快速剔除音频的人声

Audition软件中虽然也有人声分离功能,但有时也不能完全分离。它对音频质量的要求比较高。质量越高,人声分离效果就越好。如果音频质量一般,那么用户可尝试使用Vocalremover工具进行分离。该工具可以精确地去除或分离音频中的人声部分,同时保留其他音轨,如乐器声等,如图5-45所示。

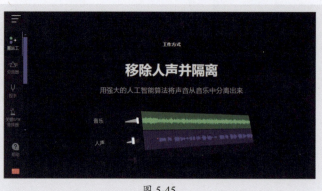

图 5-45

Vocalremover工具界面简洁直观,用户无需专业的编辑知识即可轻松地分离人声。除了基本人声分离外,该工具还提供了一系列附加功能,如分离乐器声部、调整音频的音调和速度、剪辑音频、合并多个音频文件等。这些功能可在界面左侧的工具栏中进行选择。

【练习7】制作英文歌伴奏

下面以分离英文歌曲中的人声为例,介绍该工具的使用方法。

步骤01 进入网站,选择文件。进入Vocalremover官方网站(https://vocalremover.org/zh/)。在左侧工具栏中选择"搬运工"模式。在"移除人声并隔离"界面中单击"选择文件"按钮,如图5-46所示。

步骤02 上传英文歌。在"打开"对话框中选择英文歌文件,单击"打开"按钮,如图5-47所示。

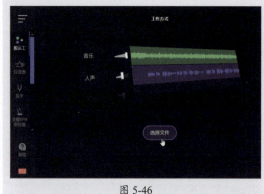

图 5-46

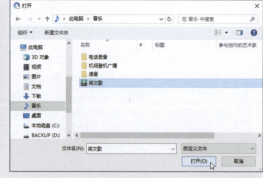

图 5-47

步骤03 试听消除效果。系统会上传该音频文件,并自动对该音频进行分离处理。处理完成后显示"音乐"和"人声"两个音轨。默认将"人声"轨道的音量设为0,单击下方播放按钮可试听处理效果,如图5-48所示。

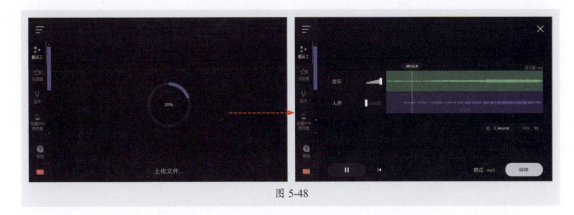

图 5-48

步骤 04 下载文件。 如想只听"人声"效果，可将"人声"的音量调整为100，而将"音乐"音量调整为0便可。确认无误后，可单击右下角的"保存"按钮，在列表中选择需要保存的音轨文件，如图5-49所示。

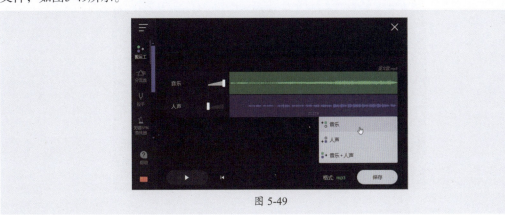

图 5-49

5.3.5 提升质感的音频混响

混响是指声源发出的声音在封闭或半封闭的空间内，经过墙壁、天花板、地板等障碍物多次反射后，声音在原声消失前所产生的连续的回响。混响在音乐制作中起着很重要的作用。它不仅能够影响声音的质感和空间感，还能增强音频的沉浸感和真实感。

Audition内置了五种混响效果器，包括卷积混响、完全混响、混响、室内混响和环绕声混响。在菜单栏中选择"效果"|"混响"选项，在其级联菜单栏中选择所需的混响效果即可打开相应的设置面板。

- **卷积混响：** 一种高级音频处理工具，它通过模拟特定声学空间中的声音反射和混响特性，为音频信号添加高度真实的空间感。例如，在影视后期制作中，卷积混响可用于模拟不同场景的声音环境，如室内对话、室外场景、特殊效果等。通过选择合适的脉冲响应（IR）文件，可以营造逼真的声音氛围。
- **完全混响：** 能够通过模拟声音在密闭空间内的多次反射来增强音频的空间感，改善音质和音色，创造特殊音效。使用系统提供的预设，可以模拟各种声场效果，如音乐厅、体育馆、剧院、教堂等。

- **混响**：一种通用的混响效果，提供了基本的混响参数，适用于快速添加混响相关的场合。
- **室内混响**：一种用于模拟声音在室内环境（如房间、大厅等）中反射和衰减的音频处理工具。不同室内混响的设置可营造不同的氛围和情感表达。
- **环绕声混响**：用于模拟声音在具有多个声源和扬声器的房间或空间中的传播效果，让声音听起来仿佛来自不同的方向和距离，使音频在听觉上更加立体和饱满，避免单调和平面的听觉感受。环绕声混响的应用十分广泛，常被用于音乐制作、影视后期、直播与录音等场景。

【练习8】模拟会议提醒广播

下面利用Audition软件中的混响功能模拟会议厅中的会议提醒广播。

步骤01 加载语音文件。启动Audition软件，将"会议提醒"音频拖至波形编辑器中，如图5-50所示。

图 5-50

步骤02 选择混响类型。在菜单栏中选择"效果"|"混响"|"卷积混响"选项，如图5-51所示。

步骤03 设置卷积混响效果。在"效果-卷积混响"对话框中将"脉冲"设为"演讲厅（阶梯教室）"选项，如图5-52所示。

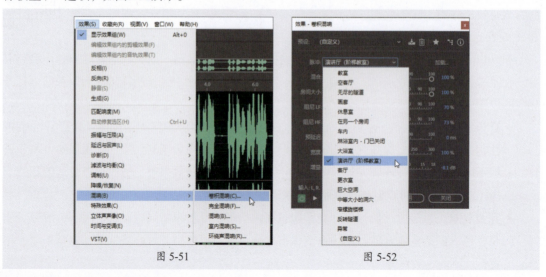

图 5-51　　　　　　　图 5-52

步骤 04 **应用混响效果**。单击下方"播放"按钮可试听效果。确认无误后,单击"应用"按钮应用至当前音频中,如图5-53所示。

步骤 05 **保存效果文件**。在菜单栏中选择"文件"|"另存为"选项,在打开的"另存为"对话框中设置文件名称及保存路径,单击"保存"按钮保存该文件。

图 5-53

5.4 AIGC应用实战:完善有声书开场配音

下面利用声咔和Audition软件对创作的有声书添加开场白音频片段。

步骤 01 **输入开场内容**。打开并登录声咔官网,在"配音软件"界面中输入内容,如图5-54所示。

步骤 02 **设置语速及停顿时间**。展开主播设置面板,将其"播报语速"设为0.9。然后在报幕内容中指定停顿位置,在工具栏中单击"插入停顿"按钮,选择停顿时间,如图5-55所示。

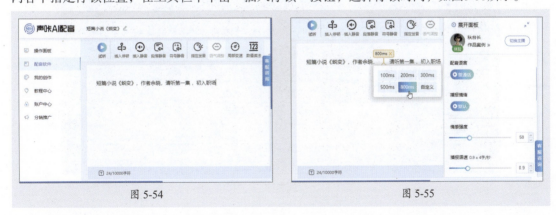

图 5-54　　　　　　　　　　　图 5-55

步骤 03 **合成音频并下载**。单击"试听"按钮,试听该段音频。确认无误后,单击"立即合成"按钮,将其生成音频。在"我的创作"界面中单击"操作"下拉按钮选择"下载文件"选项,将其下载至本地电脑中,如图5-56所示。

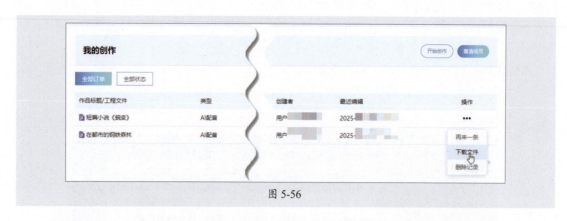

图 5-56

步骤 04 新建多轨项目。启动Audition软件,单击工具栏中的"多轨"按钮,在"新建多轨会话"对话框中设置项目名称,其他保持默认,单击"确定"按钮,新建多轨项目,如图5-57所示。

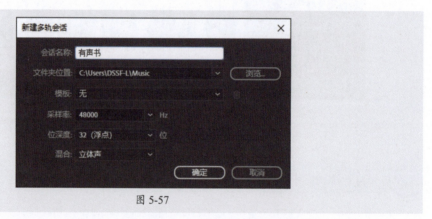

图 5-57

步骤 05 添加音频文件。将生成的开场音频以及有声书音频片段分别拖至轨道1和轨道2中,如图5-58所示。

图 5-58

步骤 06 调整开场音频位置。在工具栏中单击"移动工具"按钮,选择轨道1中的音频,将其向右拖动至合适位置(0:02.275),如图5-59所示。

步骤 07 降低音频音量。在轨道1左侧设置面板中降低音量值为-3,如图5-60所示。

图 5-59　　　　　　　　　　　图 5-60

步骤 08 添加轨道2混响效果。选择轨道2，在其控制面板中单击效果列表右侧三角按钮，选择"混响"|"混响"选项，在打开的"组合效果-混响"对话框中将"预设"设为"默认"，其他为默认，为其添加混响效果，如图5-61所示。

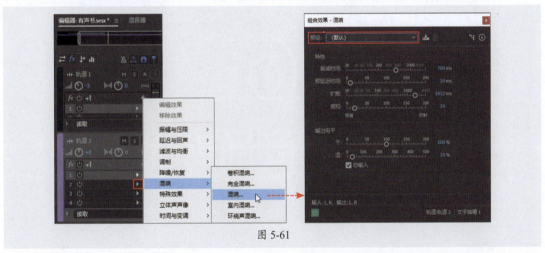

图 5-61

步骤 09 合并并导出音频文件。单击"播放"按钮试听设置的音频效果。在菜单栏中选择"文件"|"导出"|"多轨混音"|"整个会话"选项，打开"导出多轨混音"对话框，设置文件名，单击"确定"按钮将音频合并导出，如图5-62所示。

图 5-62

AIGC

第6章
短视频创作达人

　　AIGC在短视频创作领域起到了全程赋能的作用，从策划阶段的创意开发与受众分析，到制作阶段的虚拟角色生成、自动剪辑、参数调整、字幕和配乐制作，再到后期处理的智能优化，AIGC技术显著提升了短视频创作的效率与质量，为短视频创作者带来前所未有的便利和机遇。本章主要对AIGC在短视频创作中的具体应用进行介绍。

6.1 AIGC短视频创作基础

尽管使用AIGC技术创作短视频不一定要求精通所有具体专业知识，但对这些知识有所了解无疑会对制作出符合预期效果的短视频大有裨益。下面对短视频制作类AIGC工具以及短视频术语进行介绍。

6.1.1 视频类AIGC工具介绍

在当今这个快节奏的数字时代，短视频已成为信息传播与娱乐消遣的重要载体。为了迎合这一趋势，一系列创新的短视频制作类AIGC工具应运而生，它们不仅极大地降低了视频创作的门槛，还赋予了创作者前所未有的创意空间与技术便利。常用的视频AIGC工具见表6-1。

表6-1

工具	简介
剪映	字节跳动推出的视频编辑工具，内置丰富滤镜、转场、音乐库和字幕样式，支持智能识别语音并自动添加字幕，一键成片功能强大
智影	腾讯推出的智能视频创作工具，支持智能剪辑、文字转语音、智能配音等功能，可自动分析素材内容，并给出剪辑建议和配音方案
即梦AI	剪映旗下的AI创作平台，专注于为创意爱好者提供便捷的AI表达工具。它支持文生图、智能画布和视频生成等功能
可灵AI	快手公司推出的新一代创意平台，集成了AI图像和视频创作功能，支持文生视频和图生视频两种模式
Runway	综合效果出色的AI视频生成工具，支持文本和视频生成，画面清晰度高，自由度高，可通过多种笔刷控制视频中物体的运动
腾讯混元	腾讯公司全链路自研的大语言模型，具备强大的中文创作能力、逻辑推理能力和任务执行能力，支持文生视频、图生视频等多种视频生成功能

6.1.2 视频拍摄与剪辑术语

本节对视频创作过程中关于拍摄和剪辑的常见术语进行介绍。

1. 视频拍摄常用术语

（1）构图。构图是指在摄影或视频制作时，如何安排画面中的元素（如人物、景物等）以传达特定的情感和主题。良好的构图能够引导观众的视线，增强画面的表现力和故事性。常见的构图法包括中心点构图、三分构图、引导线构图、对角线构图、对称构图、前景构图、框架构图、留白构图等。

（2）拍摄角度。拍摄角度是指相机或摄像机相对于被摄对象的位置和方向。不同的拍摄角度可以产生不同的视觉效果，如正面拍摄展现人物正面特征，侧面拍摄突出轮廓线条，仰拍和俯拍则分别强调对象的雄伟或渺小。选择适当的拍摄角度对于表达视频的主题和氛围至关重要。

（3）运镜。运镜是指摄像机在拍摄过程中的移动方式和轨迹。通过推、拉、摇、移等运镜技巧，可以动态地展示画面内容，增加视频的动感和节奏。合理的运镜能够增强观众的沉浸感和参与感，使视频更加生动有趣。

（4）摄影用光。摄影用光是指如何利用自然光或人工光源来照亮被摄对象，并营造特定的氛围和效果。光线可以突出物体的轮廓、纹理和色彩，引导观众的视线，增强画面的立体感和层次感。掌握摄影用光的技巧，对于拍摄出高质量的视频至关重要。

（5）景别。景别指被摄主体在画面中所呈现的范围大小，常见的景别包括远景、全景、中景、近景和特写。

（6）景深。景深指拍摄主体前后清晰的范围，光圈越大，画面景深越小；光圈越小，画面景深越大。

（7）焦距。焦距表示镜头对物体的放大程度，焦距越大，景深越浅，背景虚化效果越好；焦距越小，景深越深，背景虚化效果越差。

（8）光圈。光圈控制镜头进光量的装置，用F值表示。F值越大，光圈越小，进光量越少；F值越小，光圈越大，进光量越多。

（9）曝光。曝光指感光元件接收到的光的总量，通过调整快门速度、感光度和光圈来控制曝光量。

2. 视频剪辑常用术语

（1）关键帧。关键帧是动画或视频剪辑中的特定帧，它包含特定的属性设置（如位置、旋转、缩放、透明度或颜色等）。这些关键帧之间的变化由软件自动计算，并生成平滑的过渡效果，是制作动画和视频特效的基础。

（2）蒙太奇。蒙太奇是一种剪辑手法，通过将不同时间、空间的镜头进行拼接和组合，创造出特定的节奏、情感和叙事效果。它不仅是电影剪辑的核心技巧，也是影视艺术的重要表现形式。

（3）帧速率。帧速率是指每秒显示的帧数（FPS），它决定了视频的流畅度和清晰度。高帧速率可以提供更平滑的运动和更真实的色彩，而低帧速率则可能导致画面卡顿或模糊。

（4）转场。转场是指从一个场景切换到另一个场景的技巧，可以通过特效、动画或简单的剪辑来实现。转场不仅可以帮助观众理解时间、空间的变换，还可以增强视频的视觉效果和节奏感。

（5）剪辑率。剪辑率是指单位时间内镜头切换的次数，它影响着视频的节奏和风格。高剪辑率可以营造紧张、刺激的氛围，而低剪辑率则更适合营造舒缓、宁静的氛围。

（6）调色。调色是指对视频的色彩、亮度、对比度等进行调整，以达到特定的视觉效果和风格。通过调色，可以增强视频的情感表达，突出主题，营造氛围。

（7）混音。混音是指将多个音频轨道合并成一个最终音频的过程，包括调整音量、平衡音轨、添加音效和音乐等。混音的目的是确保音频清晰、平衡，与视频内容相协调。

（8）字幕。字幕是在视频下方显示的文字，用于提供对话、说明或注释等信息。字幕可以帮助观众更好地理解视频内容，特别是对于使用外语或方言的视频，字幕尤为重要。同时，字幕也可以增强视频的视觉效果和风格。

6.2 可灵AI提升短视频创意

可灵AI可以通过文字描述或上传的图片生成相应的视频内容。此外,可灵AI还提供视频编辑、一键同款和创意圈社区等功能,让用户能够轻松浏览其他创作者的作品,获取创作灵感,并快速复制优秀创意。

6.2.1 创意描述塑造神话角色

在创意无限的数字时代,AIGC技术正以前所未有的力量,为角色的创作插上翅膀。它融合了人工智能的智慧与游戏设计师的灵感,让每一个角色都跃然屏上,生动而独特。

【练习1】生成狐仙侠客角色

下面使用可灵AI的"文生视频"功能生成一个角色。

> 角色故事:
>
> 狐妖绮梦,身着青绿长袍,于云雾仙境中游走。其狐头人身,眼神灵动,尽显仙侠韵味。一日,偶遇失落仙童,遂以灵动之智,携其穿梭于云海,历经奇幻冒险,终助仙童归位,留一段古风雅致、侠骨柔情的佳话。

根据角色故事提炼提示词:

> 狐头人身,青绿长袍轻扬,奇幻仙侠韵味浓,古风雅致,眼神灵动,穿梭于云雾缭绕的仙境之中。

步骤01 切换到"AI视频"页面。登录"可灵AI"官网,在"首页"中选择"AI视频"选项,如图6-1所示。

图 6-1

步骤02 输入提示词。打开"AI视频"创作界面,切换到"文生视频"选项卡,在"创意描述"文本框中输入提示词,如图6-2所示。

步骤03 设置参数。设置好创意想象力和创意相关性、生成模式、生成时长、视频比例等参数,如图6-3所示。

步骤04 输入不希望呈现的内容。在"不希望呈现的内容"文本框中输入提示词,单击"立即生成"按钮,如图6-4所示。

图6-2

图6-3

图6-4

步骤 05 预览视频。生成的视频会以缩览效果显示在页面右侧，双击缩览图，可将视频在页面中间放大显示，单击■按钮，全屏预览视频效果，如图6-5所示。

图6-5

6.2.2 生成卡通萌宠动画

可灵AI具备先通过文字描述生成图片，再将生成的图片或用户上传的图片结合新的文字描述转换为动态视频的功能，这一功能极大地丰富了创意表达，降低了视频创作门槛。

【练习2】小猪的幸福时光

角色故事：

在一个宁静的午后，一只萌态十足的小猪悄悄溜进客厅，它悠然自得地坐在沙发上，双手捧起一杯香浓的奶茶，脸上洋溢着满足和幸福的笑容。仿佛在说："生活如此美好，何不享受当下？"这一幕，让人的心也随之变得柔软起来。

根据角色故事提炼提示词：

萌态小花猪，休闲地坐在客厅里，手捧奶茶，笑容可掬，色彩温馨，细节生动。

步骤01 切换到"AI图片"模式。在"可灵AI"首页左侧导航栏中单击"AI图片"按钮，如图6-6所示。

步骤02 文字生图。切换至"AI图片"模式，在"创意描述"文本框中输入提示词，设置图片比例为3∶4，图片的生成数量保持默认的"4张"，单击"立即生成"按钮，如图6-7所示。

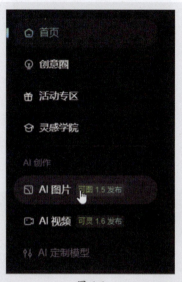
图 6-6

图 6-7

步骤03 执行"生成视频"命令。系统随即根据提示词生成4张图片。选择一张满意的图片，将光标移动到其上方，此时，图片左下角会显示"生成视频"按钮，单击该按钮，如图6-8所示。

图 6-8

步骤04 输入创意描述提示词。自动切换至"AI视频"创作界面，所选图片默认为"首帧图"，在"图片创意描述"文本框中输入提示词，如图6-9所示。

步骤05 设置参数。设置好生成模式、生成时长等参数，在"不希望呈现的内容"文本框中输入提示词，单击"立即生成"按钮，如图6-10所示。

图 6-9

图 6-10

步骤 06 **预览视频**。稍作等待，即可根据图片生成视频，视频效果如图6-11所示。

图 6-11

6.2.3　制作神兽幻化人形奇幻视频

在可灵AI中，用户可以上传两张图片作为首帧和尾帧，模型将这两张图片作为关键帧生成视频，并自动补齐中间部分。这一功能允许用户在不完全依赖文本描述或图片信息的情况下，通过设定首尾帧来生成具有特定运动轨迹和形变过程的视频。下面对首尾帧图片生成视频的基础知识进行介绍。

1. 首尾帧的定义与作用

- **首帧**：通常指的是动画或视频开始时的关键帧，定义动画或视频的起始状态。
- **尾帧**：是指动画或视频结束时的关键帧，定义动画或视频的结束状态。
- 首尾帧共同决定视频的基本运动路径和形变过程，通过设定首尾帧，用户可以更精确地控制视频的生成效果，使生成的视频更加自然和连贯。

2. 使用场景

- **商品展示**：通过设定商品的起始和结束状态（如旋转、缩放等），生成展示商品的视频。

- **酷炫入场动效**：通过设定角色的起始位置和结束位置（如飞入、跳跃等），生成具有动感的入场动画。
- **场景转换**：通过设定不同场景的首尾帧，实现场景之间的平滑过渡。

3. 使用注意事项

- **保持主体一致性**：首帧和尾帧中的主体应具有一定的相似性，以确保AI能够生成自然的过渡效果。如果首尾帧的主体差异较大，可能会导致生成的视频不连贯或出现错误。
- **简化描述**：为了降低生成结果的偶然性并提高生成效率，用户应尽量简化对首尾帧的描述，避免使用过于复杂的语言或句子结构。
- **多次尝试与调整**：由于视频生成具有一定的随机性，用户可能需要多次尝试，并调整首尾帧以及相关的提示词，以获得满意的结果。

【练习3】神兽白泽降凡

角色故事：

白泽，神兽之王，通万物之情，晓天下事。一日，人间瘟疫肆虐，百姓苦不堪言。白泽闻之，化身为凡，游走四方，以神力驱散病魔，传授防疫之法。瘟疫渐退，百姓感恩戴德，尊白泽为守护之神，世代传颂其恩德。

登录"可灵AI"网站，切换至"AI图片"页面，分别使用下列两段提示词生成图片。

提示词1：

白泽神兽，立于幽深古林，身形如狮，头部长有两角，毛发如雪，眼神睿智深邃，周身环绕神秘光环，光线柔和聚焦。

提示词2：

一袭白袍飘逸，面容温润如玉，额间隐现独角印记，眼神深邃智慧，周身环绕着淡淡灵光，背景为云雾缭绕的仙境，姿态优雅，超凡脱俗。

提示词1生成的图片效果如图6-12所示。提示词2生成的图片效果如图6-13所示。将生成的图片下载备用。

图 6-12

图 6-13

随后按照以下步骤操作。

步骤01 上传首帧图。切换至"AI视频"页面，打开"图生视频"选项卡，选择模型为"可灵1.0"或"可灵1.5"（可灵1.6暂不支持使用尾帧图），随后在"点击/拖拽/粘贴"文字上方单击，如图6-14所示。将之前保存的"神兽白泽"图片上传为首帧图。

步骤02 上传尾帧图。首帧图上传成功后，图片预览区下方会显示"首帧图"和"尾帧图"两个按钮，单击"尾帧图"，如图6-15所示。将之前保存的"白袍男子"上传为尾帧图。

步骤03 输入提示词。在"图片创意描述"文本框中输入提示词："画面中第一张图向右偏移，逐渐过渡到人的形态，过渡过程中周围散发出白色的科技粒子，白色烟雾环绕效果，均匀而且丝滑，符合逻辑、极致，严格按照提示词生成"。单击"立即生成"按钮，如图6-16所示。

图 6-14

图 6-15

图 6-16

步骤04 预览视频效果。稍作等待后系统便会根据首帧、尾帧图以及创意描述词生成神兽变身为人的奇幻视频，如图6-17所示。

图 6-17

6.2.4 笔刷绘制主体运动轨迹

可灵AI的"运动笔刷"功能允许用户为图片中的元素（如人物、动物、物体等）指定运动轨迹，并可以额外指定静止区域，从而生成更具动态效果和画面可控性的视频。"运动笔刷"的功能特点以及应用场景如下。

1. 功能特点

- **高精度控制**：运动笔刷功能允许用户对目标区域进行精确选择，并对运动轨迹进行细致调整，从而实现高精度的视频创作。
- **灵活性强**：该功能支持多种运动轨迹的绘制，包括直线、曲线等，用户可以根据需要自由调整轨迹的形状和长度。
- **支持多种元素**：无论是人物、动物还是物体，运动笔刷功能都能对其进行有效的运动控制，满足用户多样化的创作需求。

2. 应用场景

- **短视频创作**：运动笔刷功能为短视频创作者提供强大的工具，使他们能够轻松制作出具有动态效果和视觉冲击力的短视频作品。
- **动画制作**：该功能同样适用于动画制作领域，用户可以利用运动笔刷功能为动画角色绘制复杂的运动轨迹，从而创作出更加生动有趣的动画作品。
- **广告营销**：在广告营销领域，运动笔刷功能可以帮助广告主制作出更具吸引力和感染力的广告视频，从而提升广告的传播效果和转化率。

【练习4】午后阳光里的猫

> 角色故事：
> 在一个洒满午后阳光的房间里，两只呆萌可爱的小猫懒洋洋地坐在窗台上。它们时而互相舔舐毛发，时而凝视窗外飘过的云朵，享受着这难得的宁静时光。温暖的阳光与它们慵懒的身影交织在一起，构成了一幅惬意而温馨的画面。

步骤01 **导入图片**。打开"可灵AI"的"AI视频"页面，选择"可灵1.0"模型，在"图生视频"选项卡中导入"两只呆萌可爱的小猫"图片，如图6-18所示。

步骤02 **执行"运动笔刷"命令**。在"图生视频"选项卡中的"运动笔刷"区域内单击按钮，如图6-19所示。

图 6-18

图 6-19

步骤 03 绘制运动区域。打开"运动笔刷"窗口，此时默认选中的是"区域1"选项，拖动光标在画面上方涂抹，绘制第一个运动区域，此处绘制的运动区域是左侧小猫的脸，如图6-20所示。

步骤 04 绘制运动轨迹。选择"轨迹1"选项，拖动鼠标，为第一个运动区域添加运动轨迹，此处在左侧小猫脸上绘制向右的箭头，表示让这只小猫的脸像右转动，如图6-21所示。

图 6-20

图 6-21

步骤 05 绘制第2个运动区域。选择"区域2"选项，拖动光标在右侧小猫的面部进行涂抹，如图6-22所示。

步骤 06 绘制第2个运动轨迹。选择"轨迹2"选项，拖动光标，在右侧小猫面部绘制一个向左的箭头，表示让小猫的脸向左转动，运动轨迹绘制完成后单击"确认添加"按钮，如图6-23所示。

图 6-22

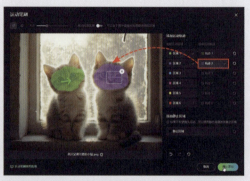
图 6-23

步骤 07 预览视频。最后单击"立即生成"按钮，视频的生成效果如图6-24所示。

图 6-24

【练习拓展】

请以池塘荷花为主题，生成一段表现夏日荷花的美丽景色的视频片段。

6.3 即梦AI智造短视频梦想

即梦AI是剪映旗下的一站式AI创意创作工具,支持通过自然语言及图片输入生成高质量的图像及视频,提供智能画布、故事创作及多种AI编辑能力,并有创意社区助力用户激发灵感。

6.3.1 视频流畅运镜控制

即梦AI的"运镜控制"功能允许用户通过控制镜头的移动方式(平移、旋转、摇镜、变焦等)及运镜幅度(小、中、大三档),增强视频创作的灵活性和动态效果。下面使用即梦AI生成图片,然后用图片生成视频,并通过设置运镜控制视频效果。

【练习5】生成狐仙侠客角色

角色故事:

阳光洒满绿色的草坪,年轻女孩温柔地抚摸着一只小花猫。猫咪眯着眼,享受着这份温暖与关爱。周围是轻轻摇曳的花草,空气中弥漫着淡淡的花香。这一刻,时间仿佛静止,只留下女孩与猫咪间那份宁静而美好的温馨画面。

输入提示词:

温馨阳光下,小女孩蹲于青翠草坪,身着碎花裙,笑容灿烂,轻抚脚边小花猫的柔软皮毛,小猫眯眼享受,画面构图紧凑和谐,色彩温馨,图片质感细腻自然。

步骤 01 执行"图片生成"命令。登录即梦AI官网,在首页的左侧选择"图片生成"选项,如图6-25所示。

图 6-25

步骤 02 输入提示词。打开"图片生成"界面,在文本框中输入提示词,如图6-26所示。

步骤 03 设置参数。设置图片比例为16∶9,图片尺寸使用默认参数,单击"立即生成"按钮,如图6-27所示。

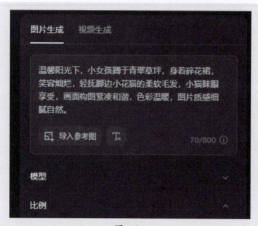

图 6-26

图 6-27

步骤 **04** **生成图片**。系统随即根据关键词和设置的参数生成4张图片，在图片上方单击，可以逐一查看图片效果，如图6-28所示。

图 6-28

步骤 **05** **执行"生成视频"命令**。选择一张要使用的图片，将其放大，单击图片右侧窗格中的"生成视频"按钮，如图6-29所示。

图 6-29

步骤 **06** **切换至"图生视频"模式**。此时会自动切换至"视频生成"界面，选中的图片已经被上传到"图生视频"选项卡中，如图6-30所示。

步骤 **07** **切换视频模型**。单击"视频模型"按钮，在展开的列表中选择"视频1.2"（只有该模式支持运镜控制），如图6-31所示。

图 6-30　　　　　　　　　　图 6-31

步骤 08 **设置运镜控制**。单击"随机运镜"按钮，在展开的列表中单击"变焦"右侧的 🔍 按钮，随后选择幅度为"中"，单击"应用"按钮，如图6-32所示。

步骤 09 **设置其他参数**。选择运动速度为"适中"，模式选择使用"标准模式"，生成时长选择"3s"，单击"生成视频"按钮，如图6-33所示。

图 6-32　　　　　　　　　　图 6-33

步骤 10 **预览视频**。稍作等待后生成视频，视频效果如图6-34所示。

图 6-34

6.3.2 提示词创作产品宣传视频

即梦AI可以通过输入简单的文本描述，快速生成高质量的视频内容。极大地简化视频创作的过程。下面使用"文本生视频"功能生成洗发水宣传视频。

【练习6】茉莉花香洗发水宣传视频

角色故事：

在一个清晨，阳光透过窗帘洒在浴室，一瓶茉莉花香氛洗发水映入眼帘。轻按泵头，瞬间，整个空间被温柔的茉莉花香包围。每一次洗护，都像漫步于茉莉花园，让心灵得到净化，开启全新一天的清新与自信。

提示词1：

茉莉香氛洗发水，透明方形瓶身，液体中漂浮茉莉花，按压泵头设计，背景茉莉花元素点缀，倒影，高雅洁净。

提示词2：

茉莉香氛洗发水，透明圆形瓶身，液体中漂浮茉莉花，按压泵头设计，阳光透过窗帘洒在浴室，高雅洁净。

步骤01 输入提示词生成视频。 在即梦AI首页选择"视频生成"选项，切换至"视频生成"界面，打开"文本生视频"选项卡，在文本框中输入提示词，根据需要选择视频模型和视频比例，单击"生成视频"按钮，如图6-35所示。

步骤02 修改提示词生成新视频。 系统随即生成产品视频，视频生成后若想在当前视频的基础上生成其他效果，可以单击视频左下角的 按钮，在左侧"文本生视频"选项卡中对提示词进行修改，然后再次单击"生成视频"按钮，即可再次生成新的视频，如图6-36所示。

图 6-35

图 6-36

步骤03 预览视频。两次生成的视频效果分别如图6-37、图6-38所示。

图6-37

图6-38

6.3.3 首尾帧生成古风穿越视频

和可灵AI一样，即梦AI也具备通过首尾帧生成视频的能力。用户可以上传视频的首帧和尾帧图片，通过提示词控制过渡效果，生成高质量动态视频。这一功能特别适合制作具有创意变身、场景转换或时间流逝等元素的视频，如现代美女变为古代美女的变身视频、四季变换的自然风光视频等。

【练习7】古今穿越之旅

> 角色故事：
>
> 现代与古代，着装和审美各有千秋。古代服饰华美庄重，承载着深厚的文化底蕴；现代着装多元时尚，彰显个性自由。虽风格迥异，但皆为时代风貌的映照，都蕴含着人们对美的独特追求。

首帧和尾帧图片过渡词：

> 光影流转间，发型与服饰渐变，现代美女仿佛穿越时空，幻化为古典雅致的古代佳人，过渡自然丝滑，符合逻辑。

步骤01 开启"使用尾帧"开关。在即梦AI首页选择"视频生成"选项，打开"视频生成"界面，切换到"图片生视频"选项卡，选择视频模型为"视频1.2"，随后打开"使用尾帧"开关，如图6-39所示。

步骤02 上传首帧和尾帧图片。依次单击"上传首帧图片"和"上传尾帧图片"区域，上传"现代"和"古风"两张图片，并在图片下方文本框中输入过渡词，如图6-40所示。

步骤03 设置参数。选择模式为"流畅模式"，生成时长为"6s"，单击"生成视频"按钮，如图6-41所示。

图 6-39　　　　　　　　图 6-40　　　　　　　　图 6-41

步骤 04 预览视频。稍作等待，系统便可根据首帧和尾帧两张图片生成视频，如图6-42所示。

图 6-42

6.3.4　绘制路径为视频添加动效

用户通过在动画面板中绘制运动轨迹，能够精准控制视频中主体的运动效果，包括单方向运动、多方向运动、轨迹变化等，从而轻松实现复杂的动画效果。

【练习8】云朵之舟

角色故事：

平静的大海上，一条孤独小船悠然漂浮。船上，一位年轻男子面朝无垠碧波，手里紧紧牵着一束梦幻般的粉色云朵气球，它仿佛是大海之上的温柔岛屿，为这寂寥旅途添上一抹不可言喻的温馨与希望。

步骤01 **选择视频模型**。打开即梦AI的"视频生成"界面,切换到"图片生视频"选项卡,上传图片,随后更改视频模型为"视频1.2",如图6-43所示。

步骤02 **执行打开"动效面板"命令**。在"动效面板"中单击"点击设置"按钮,如图6-44所示。

图 6-43

图 6-44

步骤03 **识别所选主体**。打开"动效面板"窗口,在画面中单击需要添加动效的主题,此处单击小木船,此时系统会自动识别所选主体,并将其选中,如图6-45所示。

图 6-45

步骤04 **绘制运动路径**。单击"运动路径"按钮,随后在小船上方绘制运动路径,如图6-46所示。

步骤05 **为其他主题添加运动**。参照前两个步骤,继续为画面中的人物和云朵气球添加运动路径,如图6-47所示。所有路径添加完成后单击"保存设置"按钮,退出动效面板。

步骤06 **预览视频**。返回"视频生成"界面,单击"生成视频"按钮。生成的视频效果如图6-48所示。

图 6-46　　　　　　　　　　　　图 6-47

图 6-48

6.3.5　人物对口型配音

"对口型"功能可以精准捕捉人物的嘴部动作，生成的视频中人物的口型与配音高度同步，观感自然，仿佛虚拟人物在真实地说话一般。用户只需上传人物图片或视频，输入或上传配音内容，即可自动生成对口型视频。

【练习9】人物对口型视频

角色故事：
在高科技、高度文明的新纪元，我，AI-Zero，不仅是城市管理者，也是人类心灵的守护者。通过神经网络，我理解喜怒哀乐，用我的智慧与温柔，连接每一个孤独的灵魂，让这座城市，充满爱与和谐的光芒。

步骤01　导入"对口型"图片。登录即梦AI，进入"视频生成"页面。切换至"对口型"选项卡，随后导入角色图片，如图6-49所示。

步骤02　输入朗读内容并选择音色。在"文本朗读"文本框中输入角色要朗读的内容，随后单击"朗读音色"按钮，系统提供多种音色，用户可以根据人物特点选择合适的音色，如图6-50所示。

步骤03　设置其他参数并生成视频。根据需要调整说话速度，并选择生成效果，单击"生成视频"按钮，如图6-51所示。

步骤04　预览视频。稍作等待便可生成视频，视频中的人物除了可以自动对口型，也会配合一些面部表情，如摇头、眨眼等，如图6-52所示。

图 6-49

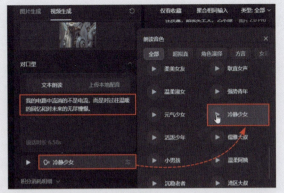
图 6-50

图 6-51

图 6-52

【练习拓展】

用即梦AI生成一段主题视频。提示词可为：超现实主义，浮尘与落埃，抽离意识，空气拉丝，慢镜头，动态模糊，神秘的，透光拍摄，膨胀时空，扑朔迷离。

6.4 剪映创意剪辑

剪映是一款功能强大且极易上手的视频剪辑软件，提供视频切割、变速、添加滤镜、音乐和字幕等基础编辑功能，还支持多轨道剪辑和丰富的特效转场，让用户能够轻松制作出专业级视频作品。

6.4.1 各种AI"玩法"

剪映的"AI效果"面板提供多种模板和效果，可以对素材进行个性化定制，包括为静态图片添加运镜效果、为图片中的人物生成各种类型的写真、改变人物表情、改变人像的风格、人像变脸等。

1. 视频丝滑变速

"丝滑变速"可以使视频片段的播放速度在平滑过渡中实现快慢变化，从而增强视频的动态效果和观看体验。

启动专业版剪映，进入创作界面，将视频素材拖至轨道中，并保持素材为选中状态。打开"AI效果"面板。勾选"玩法"复选框，选择"视频玩法"分类，选择"丝滑变速"选项，即可为视频添加相应效果，如图6-53所示。

图 6-53

2. 智能扩图

智能扩图是一种利用人工智能技术和深度学习算法对图像进行放大处理的技术。它通过分析原始图片的色彩、纹理、形状等特征，学习图像的风格和细节，然后运用这些学习到的信息生成新的、放大后的图像。

在"玩法"组中打开"AI绘画"分类，选择"智能扩图"选项，即可对所选图片素材进行扩图，如图6-54所示。

图 6-54

智能扩图前后的对比效果如图6-55、图6-56所示。

图 6-55　　　　　　　　图 6-56

3. 智能运镜

剪映内置多种运镜，通过模拟摄像机的运动效果，实现镜头的拉近、拉开、旋转及晃动等效果，可以为视频增添更多的动态感和视觉冲击力。

在"AI效果"面板中的"玩法"组中选择"运镜"分类，随后选择一个合适的运镜，所选素材随即会应用该运镜，如图6-57所示。

图 6-57

为图片素材应用"3D运镜"的效果如图6-58所示。

图 6-58

4. 立体相册

剪映"玩法"的"立体相册"可以将图片素材中的人像从背景中分割出来,生成动态的立体相册效果。在剪映创作界面中导入素材后,在"AI效果"面板中的"玩法"组中选择"分割"分类,选择"立体相册"选项,如图6-59所示。

图 6-59

素材背景随即与人像自动分离,并向后倾倒,效果如图6-60所示。

图 6-60

5. 人像风格

剪映提供多种人像风格供用户选择，如漫画写真、复古、美漫、魔法变身、萌漫、剪纸等，如图6-61所示。用户可以根据自己的喜好和视频的主题来挑选合适的特效。这种个性化的选择使得每个创作者都能创作出具有自己独特风格的视频作品。

图6-61

为人像分别应用美漫、萌漫、港漫以及日漫的效果如图6-62所示。

图6-62

6.4.2 智能写文案一键成片

"文字成片"是剪映中的一个视频编辑工具，该工具充分展现了人工智能技术在视频编辑领域的强大应用潜力，该功能可以智能分析用户输入的文案，自动匹配相关的图片、视频素材以及背景音乐，快速生成符合用户需求的视频。下面利用"智能写文案"功能自动生成视频文案，并生成视频。

【练习10】生成旅游宣传视频片段

步骤01 执行"文字成片"命令。启动剪映"专业版"软件。在首页中单击"文字成片"按钮，如图6-63所示。

图 6-63

步骤02 智能写文案。打开"文字成片"对话框,在"智能写文案"组中选择"旅行攻略",输入旅行地点为"青海",输入主题为"景点、美食、文化",视频时长选择"不限时长",单击"生成文案"按钮,如图6-64所示。

步骤03 查看文案。窗口右侧随即自动生成三份文案,单击底部翻页箭头可以依次查看所有文案,如图6-65所示。

图 6-64　　　　　　图 6-65

步骤04 继续生成文案。若对当前生成的文案不满意,可以单击"重新生成"按钮,系统随即再次生成3份文案,如图6-66所示。

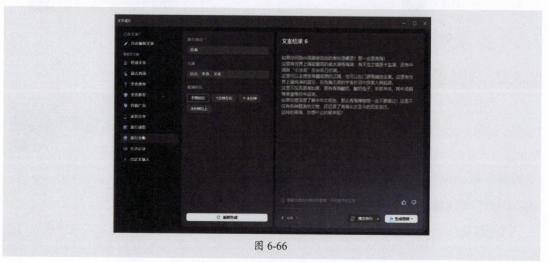

图 6-66

步骤 05 **选择配音角色**。选择一个需要使用的文案，单击窗口右下角的声音角色按钮，在展开的列表中包含大量的声音角色选项，用户可以单击选项右侧的 按钮，对声音进行逐一试听，最后选择一个满意的声音角色，如图6-67所示。

步骤 06 单击"生成视频"按钮，在下拉列表中选择"智能匹配素材"选项，如图6-68所示。系统随即开始自动生成视频。

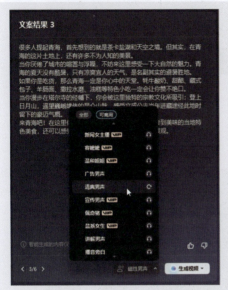
图 6-67

图 6-68

步骤 07 **预览视频**。视频生成后会自动在创作界面中打开，在时间线窗口中可以看到视频使用的所有素材，单击预览区域下方的 按钮，可以对视频进行预览，如图6-69所示。

图 6-69

6.4.3 创意宠物视频剪辑

下面使用剪映的"一键成片"以及其他剪辑功能，配合AIGC生成的文案和视频素材，制作小兔子制作蔬菜沙拉的短视频。

【练习11】萌兔烹饪视频片段

1. 导入素材

步骤01 执行"开始创作"命令。启动剪映"专业版"软件，在首页中单击"开始创作"按钮，如图6-70所示。

图 6-70

步骤02 执行"导入"命令。进入创作界面，在"媒体"面板中的"本地"界面单击"导入"按钮，如图6-71所示。

图 6-71

步骤03 批量导入素材。打开"请选择媒体资源"对话框，按住Ctrl键依次单击要导入的素材，将这些素材全部选中，随后单击"打开"按钮，如图6-72所示。

步骤04 素材导入成功。所选素材随即被导入剪映，在"本地"界面内可以看到这些素材，如图6-73所示。

图 6-72　　　　　　　　　　图 6-73

2. 将素材添加至轨道

在"媒体面板"中的"本地"界面内单击素材右下角的 ⊕ 按钮，即可将该素材添加至轨道中，如图6-74所示。

图 6-74

随后继续将剩余素材依次添加到轨道中,如图6-75所示。素材添加完成后可以对素材的播放顺序进行调整。选中某个素材,按住鼠标向目标位置进行拖动,即可将该素材调整至相应位置,如图6-76所示。

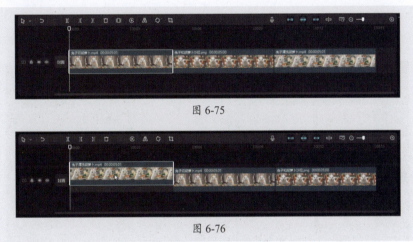

图 6-75

图 6-76

3. 裁剪素材

在轨道中选中某个素材,将时间轴移动到需要裁剪的位置,在工具栏中单击"向左裁剪"按钮(图6-77),即可将所选素材与时间轴对应的左侧部分删除,如图6-78所示。

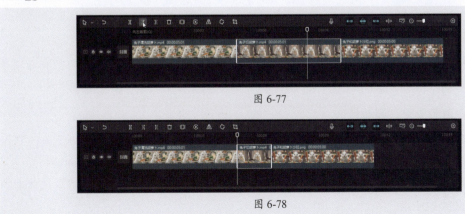

图 6-77

图 6-78

4. 添加转场

将时间轴移动到需要添加转场的两个素材之间,打开"转场"面板,在"转场效果"组中打开"叠化"分类,随后单击"叠化"上方的 ⊕ 按钮,如图6-79所示。

图 6-79

两段素材之间随即被添加相应的转场效果,保持转场效果为选中状态,在右侧"转场"面板中单击"应用全部"按钮,即可将该转场效果添加到所有素材片段之间,如图6-80所示。

图 6-80

6.4.4 为视频添加字幕和配音

用户可以为视频添加字幕,并对字幕进行编辑和调整。同时,剪映的文字朗读功能还允许用户为字幕添加语音朗读,且有多种声音可供选择,极大地丰富了视频的视听体验。

【练习12】完善萌兔烹饪视频片段

步骤 01 添加默认文本素材。将时间轴移动到轨道的起始位置,打开"文本"面板,在"新建文本"界面单击"默认文本"上方的 ⊕ 按钮,向轨道中添加一个默认文本素材,如图6-81所示。

步骤 02 输入文本。保持文本素材为选中状态,在右侧"文本"面板中的"基础"选项卡中输入文本,如图6-82所示。

图 6-81

图 6-82

步骤 03 **朗读文本**。切换到"朗读"面板，选择一个满意的朗读声音，此处选择"小萝莉"，单击"开始朗读"按钮，如图6-83所示。

图 6-83

步骤 04 **生成朗读音频**。轨道中随即生成朗读音频素材，如图6-84所示。

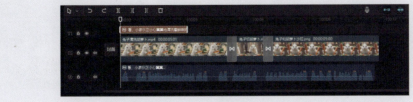

图 6-84

步骤 05 识别字幕。再次选中文本素材,按Delete键将其删除,随后选择音频素材并右击,在弹出的快捷菜单中选择"识别字幕/歌词"选项,如图6-85所示。

图 6-85

步骤 06 生成字幕。系统随即根据音频自动生成字幕,如图6-86所示。

步骤 07 设置字幕样式。选中任意一段字幕,在右侧"文本"面板的"基础"选项卡中可以对字幕的字体、字间距、预设样式等进行设置,如图6-87所示。

图 6-86

图 6-87

步骤 08 预览视频。视频制作完成后可以单击"播放器"窗口右下角的 按钮,在全屏模式下预览视频,如图6-88所示。

图 6-88

6.5 AIGC应用实战：一站式智能AI配乐

"AI配乐"可以为生成的视频匹配合适的背景音乐，该功能内置了丰富的音乐库，涵盖从流行乐曲到古典乐章、从动感电音到悠扬民谣等多种风格的音乐。下面使用该功能为生成的视频配乐。

> 角色故事：
> 狂风在耳边呼啸，小狗戴着酷炫墨镜，下肢紧蹬轰鸣的摩托车，在公路上肆意穿梭，留下一串串欢笑与自由的轨迹。阳光照耀下的它，无拘无束，仿佛整个世界都是它的舞台，尽情演绎着速度与激情的狂想曲。

步骤01 执行"AI配乐"命令。 使用即梦AI生成视频后，单击视频右下角的 按钮，如图6-89所示。

图 6-89

步骤02 根据画面配乐。 界面左侧随即打开"AI配乐"面板。该面板中包含"根据画面配乐"以及"自定义AI配乐"两个单选框，此处使用默认的"根据画面配乐"，单击"生成AI配乐"按钮，如图6-90所示。

步骤03 生成配乐。 系统随即根据当前视频画面自动生成3首配乐。在视频下方会显示"配乐1""配乐2"和"配乐3"三个按钮，单击按钮可以对音乐进行试听，如图6-91所示。

图 6-90

图 6-91

第 7 章
AI 代码编写助手

　　代码编写是一个复杂且精细的过程,涉及需求分析、算法设计、编写、调试和测试等多个步骤。AIGC的引入使得这一过程更加高效。AIGC能够自动生成代码,并提供基于深度学习的智能建议,从而有效减轻开发者的重复性工作负担。本章主要介绍AIGC技术在不同编程语言中的应用,帮助开发者轻松完成各项开发任务。

7.1 有趣的编程基础

编程是指通过精确编写指令集来设计、开发和实施计算机程序及软件应用的过程。这些指令集采用特定的编程语言来表达，旨在指挥计算机执行特定任务或解决复杂问题。本节对编程基础进行介绍。

7.1.1 丰富的编程语言

编程语言是一种人工设计的用于编写计算机程序的语言，它具备一套明确的规则和语法结构，使开发者能够以计算机可理解的方式精准地发出指令。这些指令能够指挥计算机执行特定任务、处理数据或解决复杂问题。借助编程语言，开发者能够与计算机进行高效沟通，进而实现多样化的功能与应用。常用的编程语言包括Python、C、C++、JavaScript等。

1. Python 语言

Python是一种广泛使用的高级编程语言，以简洁易读的语法而闻名。它支持多种编程范式，包括面向对象、命令式和函数式编程。Python的设计原则强调代码的可读性和简洁性，尤其在数据处理和快速开发方面表现出色。被广泛应用于Web开发、数据分析、人工智能、机器学习、科学计算和自动化脚本编写等多个领域。此外，Python拥有庞大的标准库和丰富的第三方库，这些资源极大地扩展了其功能和应用范围，使得开发者能够更高效地实现各种项目需求。

2. C 语言

C是一种通用的过程式编程语言，是UNIX操作系统的核心语言。C语言提供对底层内存和硬件的直接访问能力，因此非常适合系统软件、应用软件、嵌入式系统、操作系统、游戏等的开发以及高性能计算等场景。C语言具有高效、灵活和可移植性强的特点。尽管其语法相对低级，如需要程序员手动管理内存的分配和释放，但这也赋予了C语言极高的运行效率和控制权。

3. JavaScript 语言

JavaScript是一种主要用于Web开发的脚本语言，最初设计的目的是在网页中增加动态内容。它可以直接嵌入HTML页面中，并通过浏览器进行解释和执行。JavaScript支持面向对象、函数式和事件驱动的编程风格，使开发者能够创建交互性强、动态更新的网页应用。除了前端开发，JavaScript还通过Node.js等平台扩展到了服务器端编程、移动应用（如使用React Native）以及桌面应用（如使用Electron）的开发。其庞大的生态系统，包括丰富的框架和库（如React、Vue、Angular等），极大地促进了Web开发的高效性和创新性。

4. Java 语言

Java是一种面向对象、基于类的通用编程语言，具有平台无关性。Java语言具有简单、面向对象、分布式、健壮性、安全性、可移植性、高性能、多线程和动态性等特点。Java平台由Java虚拟机（JVM）、Java类库和Java API组成，提供丰富的功能和工具支持。Java广泛应用于企业级应用开发、Android应用开发、Web开发、大数据处理和云计算等领域。

除了以上编程语言，开发者还可以使用C++、Ruby、Kotlin等语言，这些语言各有其特点和优势，在不同的应用场景中发挥着重要作用，开发者可以根据自身需求进行学习和应用。

7.1.2 必备的编程环境

编程环境（Programming Environment）是指开发者用于编写、测试、调试以及运行代码的一系列工具和资源的集合。它为软件开发提供必要的基础设施和支持，确保开发者能够高效、顺畅地完成各项编程任务。

（1）操作系统。

操作系统（Operating System, OS）是计算机系统的核心软件，负责管理硬件资源（如CPU、内存、输入/输出设备等），并为应用程序提供一个稳定的运行环境。通过抽象层，操作系统简化了硬件接口，使应用开发者无须关注底层硬件细节，同时确保多个程序的安全、有序执行。操作系统还提供用户界面，支持用户与计算机进行互动，并具备多任务处理能力，允许多个程序并行运行。常见的操作系统包括Windows、macOS和Linux。

（2）编程语言工具。

编程语言工具是编写代码的基础设施，主要包括编译器和解释器两种类型。编译器将高级语言编写的源代码转换为机器码或字节码，在此过程中进行类型检查和优化，适用于静态类型语言，如C、C++和Rust等。解释器则逐行解释、执行源代码，为动态类型语言（如Python和Ruby）提供更灵活、快速的开发体验。此外，库和框架提供现成的功能模块，帮助开发者加速应用开发过程，提高生产效率。

（3）开发工具。

开发工具是编程过程中的重要辅助软件，涵盖集成开发环境（IDE）和文本编辑器。IDE（如Visual Studio Code和Eclipse）集成了代码编辑、调试、版本控制等功能，非常适合处理复杂的开发任务。文本编辑器（如Sublime Text和Notepad++）则以其简洁、快速的特点，更适合轻量级的编辑需求。版本控制系统（VCS），如Git，用于追踪代码变更历史，促进多人合作；而调试工具（如GDB、LLDB或浏览器内置的开发者工具）则是查找和修复程序错误的关键工具。

（4）其他相关资源。

除了上述核心组件外，还有一些额外的资源和服务对开发流程至关重要。稳定的网络连接不仅有助于获取最新的依赖包和更新，还能促进远程协作和在线学习。存储设备，如本地SSD/HDD及云端服务（如AWS S3和Google Drive），都是安全保存项目文件和备份数据不可或缺的一部分。文档和学习资源（如Stack Overflow、MDN Web Docs和官方API文档）为解决问题和学习新技术提供了宝贵的资料来源，帮助开发者不断提升技能，跟上技术发展的步伐。

7.1.3 常用的编程生成工具

AIGC工具在编程领域扮演着至关重要的角色，该工具运用自然语言处理和机器学习技术，能够精确捕捉开发者的需求，自动生成高质量的代码，从而大幅提升开发效率并减少错误。下面表7-1为几种常用的编程生成工具。

表7-1

工具	简　介
通义灵码	阿里云公司开发的智能编码工具，基于通义大模型，提供代码生成、智能问答、错误排查等功能，支持多语言与主流IDE，提升编码效率与质量，分为个人版与企业版

（续表）

工具	简　介
豆包 MarsCode	字节跳动公司开发的智能开发工具，支持代码补全、智能问答、错误修复等，兼容多种语言与工具，加速研发流程，提升代码质量与可读性
文心快码	百度公司开发的智能代码助手，基于文心大模型，支持跨模块代码生成、注释、解释与优化，无缝集成研发各环节，加速全流程提效
文心一言	百度公司开发的知识增强大语言模型，具备对话、回答及创作能力，支持 Java SDK 接入，广泛应用于多个领域
腾讯云 AI 代码助手	基于混元代码大模型的辅助编码工具，提供技术对话、代码补全与诊断功能，支持多语言与 IDE，提升编码效率
iflycode	科大讯飞公司开发的智能编程助手，基于星火认知大模型，覆盖研发全流程，提供代码生成、续写、解释与测试功能，支持企业级定制与灵活部署

本章所用的 AIGC 工具以文心一言为主。

7.2　直观的网页制作与美化

AIGC 的应用可以极大地提升网页制作和美化的效率与质量，使得开发者和设计师能够专注于更具创造性的工作中。

7.2.1　生成基础的 HTML 代码

HTML（HyperText Markup Language，超文本标记语言）是构建网页的基础语言，定义网页的结构和内容，确保这些内容能够被正确解析并呈现给用户。作为一种标记语言，HTML 使用标签来描述文本、图像、链接和其他元素，使得网页具有良好的可读性和可访问性。

【练习1】制作个人主页

下面以个人主页的制作为例，介绍使用 AIGC 工具生成代码的具体流程。

步骤 01　输入提示词。打开文心一言（或其他 AIGC 工具），输入以下提示词。

> 请生成一个基础的 HTML 网页代码，包含以下内容：
> 网页标题为"我的个人主页"。
> 主体部分包含一个主标题（h1）"欢迎来到我的个人主页"。
> 包含一个段落（p），内容为"这是我的第一个网页，感谢您的访问！"。
> 添加一个无序列表（ul），列出三项爱好："阅读""旅行""编程"。
> 在页面底部添加一个版权信息（footer），内容为"© 2024 我的名字"。
> 不需要任何样式或交互功能，仅需基本的 HTML 结构。

步骤 02　生成内容。输入并发送提示词后，等待生成，生成内容如下。

> 以下是一个基础的 HTML 网页代码，满足你提供的所有要求：

```
html
```

```html
<!DOCTYPE html>
<html lang="zh-CN">
<head>
    <meta charset="UTF-8">
    <meta name="viewport" content="width=device-width, initial-scale=1.0">
    <title>我的个人主页</title>
</head>
<body>
    <h1>欢迎来到我的个人主页</h1>
    <p>这是我的第一个网页,感谢您的访问!</p>
    <ul>
        <li>阅读</li>
        <li>旅行</li>
        <li>编程</li>
    </ul>
    <footer>
        &copy; 2024 我的名字
    </footer>
</body>
</html>
```

这个HTML文件包含网页标题、主标题、段落、无序列表和版权信息,并且遵循基本的HTML结构。你可以将其保存为一个.html文件,并在浏览器中打开以查看效果。

步骤03 预览效果。检查生成的代码后,将其复制后粘贴至Dreamweaver中,保存文档,然后按F12键在浏览器中预览效果,如图7-1所示。

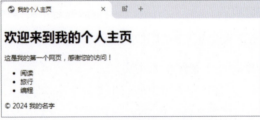

图 7-1

7.2.2 CSS美化页面

CSS(Cascading Style Sheets,层叠样式表)是一种用于表现HTML(标准通用标记语言的一个应用)或XML(标准通用标记语言的一个子集)等文件样式的计算机语言。用户可以使用AIGC生成CSS代码,美化网页页面。

【练习2】美化个人主页

下面利用AIGC工具生成CSS代码美化网页页面。

步骤01 输入提示词。打开文心一言(或其他AIGC工具),输入以下提示词:

请添加CSS以修改上述代码,使所有内容居中显示。确保无序列表中的项并排显示在同一行,并在无序列表下方添加一个图像区域,以便插入横幅图像。

步骤 02 生成内容。输入并发送提示词后,生成内容如下。

要在保持原有HTML结构的基础上添加CSS,使内容居中显示,并让无序列表中的项并排显示在同一行,同时在无序列表下方添加一个图像区域,你可以使用以下代码:

```html
<!DOCTYPE html>
<html lang="zh-CN">
<head>
    <meta charset="UTF-8">
    <meta name="viewport" content="width=device-width, initial-scale=1.0">
    <title>我的个人主页</title>
    <style>
        body {
            display: flex;
            flex-direction: column;
            align-items: center;
            justify-content: center;
            min-height: 100vh;
            margin: 0;
            font-family: Arial, sans-serif;
            text-align: center;
        }
        header, main, footer, .banner-image {
            width: 100%;
            max-width: 800px;
        }
        ul {
            display: flex;
            justify-content: center;
            list-style-type: none;
            padding: 0;
            margin: 0;
        }
        ul li {
            margin: 0 10px;
        }
        .banner-image img {
            width: 100%;
            height: auto;
        }
    </style>
</head>
<body>
    <header>
        <h1>欢迎来到我的个人主页</h1>
```

```html
            <p>这是我的第一个网页,感谢您的访问! </p>
        </header>
        <main>
            <ul>
                <li>阅读</li>
                <li>旅行</li>
                <li>编程</li>
            </ul>
        </main>
        <div class="banner-image">
            <img src="your-banner-image.jpg" alt="横幅图像">
        </div>
        <footer>
            © 2024 我的名字
        </footer>
</body>
</html>
```

请注意以下几点:
- 我添加了一个<header>标签来包裹<h1>和<p>标签,以及一个<main>标签来包裹<ul>。这样做有助于语义化HTML结构,并使CSS选择器更加明确。
- 在CSS中,我使用了flex布局来使内容居中。body设置为一个垂直方向的flex容器,align-items: center和justify-content: center分别使子元素在水平和垂直方向上居中。
- ul被设置为一个水平方向的flex容器,justify-content: center使其子元素(列表项)水平居中。
- .banner-image类用于设置图像区域的样式,包括宽度、高度自动调整以保持比例,以及与上方内容的间距。
- 你需要将your-banner-image.jpg替换为你实际的横幅图像文件路径。

将上述代码保存为.html文件并在浏览器中打开,你将看到一个内容居中、列表项并排显示且包含横幅图像区域的网页。

步骤03 预览效果。检查生成的代码,将其复制后粘贴至Dreamweaver中,链接横幅图像,保存文档,然后按F12键在浏览器中预览效果,如图7-2所示。

图 7-2

7.2.3　JavaScript增加交互

JavaScript是一种动态编程语言，能够增强网页的交互性和动态性。作为Web开发的核心技术之一，它与HTML和CSS共同协作，可创建出功能丰富、用户友好的网站和Web应用程序。通过自然语言处理和机器学习算法，AIGC工具能够根据用户的描述生成符合要求的JavaScript代码。

【练习3】增加个人网页交互

下面利用AIGC工具生成JavaScript代码，增加网页的交互性和动态性。

步骤01 **输入提示词**。打开文心一言（或其他AIGC工具），输入以下提示词。

> 在上述内容中，添加JavaScript代码，为"阅读""旅行"和"编程"三个词创建空链接。实现以下功能：
> - 变色效果：当光标悬停在这三个词上时，文字颜色发生变化。
> - 打开图像：单击图像时，在新窗口中打开该图像。
>
> 请生成相应的JavaScript代码，以实现上述功能。

> **提示** 上文代码为7.2.2节中生成代码的节选部分。复制7.2.2节中生成的代码，然后添加提示词说明需求即可。

步骤02 **生成内容**。输入并发送提示词后，生成内容如下。

为了实现所描述的功能，我们不需要对HTML结构进行大的改动，但需要在<head>部分添加一些内联CSS来处理光标悬停时的变色效果，并在<body>的底部添加JavaScript代码来处理图像的单击事件。以下是完整的HTML文件，包含所需的CSS和JavaScript代码：

```html
<!DOCTYPE html>
<html lang="zh-CN">
<head>
    <meta charset="UTF-8">
    <meta name="viewport" content="width=device-width, initial-scale=1.0">
    <title>我的个人主页</title>
    <style>
        body {
            display: flex;
            flex-direction: column;
            align-items: center;
            justify-content: center;
            min-height: 100vh;
            margin: 0;
            font-family: Arial, sans-serif;
            text-align: center;
        }
        header, main, footer, .banner-image {
            width: 100%;
```

```
            max-width: 800px;
        }
        ul {
            display: flex;
            justify-content: center;
            list-style-type: none;
            padding: 0;
            margin: 0;
        }
        ul li {
            margin: 0 10px;
            cursor: pointer;
            transition: color 0.3s ease;
        }
        ul li:hover {
            color: red;
        }
        .banner-image img {
            width: 100%;
            height: auto;
        }
    </style>
</head>
<body>
    <header>
        <h1>欢迎来到我的个人主页</h1>
        <p>这是我的第一个网页, 感谢您的访问! </p>
    </header>
    <main>
        <ul>
          <li onclick="location.href='#';">阅读</li>
          <li onclick="location.href='#';">旅行</li>
          <li onclick="location.href='#';">编程</li>
        </ul>
    </main>
    <div class="banner-image">
        <img src="mine.png" alt="横幅图像" id="bannerImage">
    </div>
    <footer>
        © 2024 我的名字
    </footer>

<script>
        document.getElementById('bannerImage').addEventListener('click',
function() {
```

```
            var imageSrc = this.src;
            window.open(imageSrc, '_blank');
        });
    </script>
</body>
</html>
```

重要说明：

- 我已经在CSS中添加了ul li:hover选择器来处理光标悬停时的变色效果，所以不需要在JavaScript中处理这部分。
- 对于图像的单击事件，我使用了window.open函数在新窗口中打开图像的URL。这里假设图像托管在服务器上，因此可以直接使用this.src来获取图像的src属性并打开它。如果您的图像是本地文件，由于浏览器的安全限制，这种方法将不会工作。您需要将图像上传到服务器上，并使用图像的URL。
- 我保留了onclick事件中的location.href='#'作为占位符，表示这些链接目前不导航到任何实际页面。如果您想链接到具体的页面，请将'#'替换为那些页面的URL。例如，如果您有一个关于阅读的页面，可以修改为onclick="location.href='reading.html';"。但请注意，这样做将导航到同一窗口中的新页面，而不是在新窗口中打开图像。如果您既想在单击链接时导航到新页面，又想在单击图像时在新窗口中打开图像，那么应该分别为它们设置适当的onclick事件处理程序。

步骤 03 预览效果。检查生成的代码，将其复制后粘贴至Dreamweaver中，链接横幅图像，保存文档，然后按F12键在浏览器中预览效果，移动光标至无序列表（如"旅行"）处将出现悬停变色效果，如图7-3所示。单击图像后，将在新窗口中打开图像，效果如图7-4所示。

图 7-3

图 7-4

7.2.4 AIGC解读代码功能

解读代码功能可以帮助开发者更好地理解现有代码，从而进行有效的维护和扩展，同时也促进团队协作中的沟通与协作。借助AIGC工具，开发者可以轻松实现代码功能的解读。

【练习4】解读代码功能

下面利用AIGC工具解读代码功能。

步骤01 输入提示词。 打开文心一言（或其他AIGC工具），输入以下提示词：

> 请详细解读以下代码（练习3中的代码）的功能。这段代码使用了HTML 5、CSS 3和JavaScript，旨在创建一个简单的个人主页。具体来说，请逐行分析代码，解释每一部分的具体功能，并按照HTML结构、CSS样式和JavaScript行为分别解释。特别关注JavaScript部分的事件处理逻辑，以及它是如何实现单击横幅图像后在新标签页中打开大图的效果的。此外，请描述这段代码的预期用途，并指出代码中任何潜在的问题或可以改进的地方。

步骤02 生成内容。 输入并发送提示词后，等待生成，生成内容如下。

HTML结构分析

（1）<!DOCTYPE html>：声明文档类型为HTML 5。
（2）<html lang="zh-CN">：根元素，指定文档语言为简体中文。
（3）<head>：包含文档的元数据。
- <meta charset="UTF-8">：指定文档使用UTF-8字符编码。
- <meta name="viewport" content="width=device-width, initial-scale=1.0">：优化移动设备的显示。
- <title>我的个人主页</title>：设置页面标题。
- <style>：包含CSS样式。

（4）<body>：文档的主体内容。
- <header>：包含页面的头部信息，如标题和欢迎信息。
- <main>：主内容区域，包含一个无序列表，用于导航。
- <div class="banner-image">：包含横幅图像。
- <footer>：页脚，包含版权信息。

CSS样式分析

- body：设置页面的整体布局、字体和文本对齐方式。
- header, main, footer, .banner-image：设置这些元素的宽度，确保它们在桌面和移动设备上都能很好地显示。
- ul：将无序列表设置为水平排列，并去除默认的列表样式。
- ul li：设置列表项的间距、光标样式和颜色过渡效果。
- ul li:hover：当光标悬停在列表项上时，改变其颜色。
- .banner-image img：确保横幅图像在保持宽高比的同时，适应其容器的宽度。

JavaScript行为分析

- document.getElementById('bannerImage').addEventListener('click', function() { ... })：为横幅图像添加一个单击事件监听器。
  - var imageSrc = this.src;：获取被单击图像的源地址。
  - window.open(imageSrc, '_blank');：在新标签页中打开图像的源地址。

事件处理逻辑

当用户单击横幅图像时，JavaScript代码会捕获这个单击事件，获取被单击图像的src属性

（图像的URL），并使用window.open方法在新标签页中打开这个URL。这是通过this.src实现的，其中this在事件处理函数中引用触发事件的元素（横幅图像）。

预期用途

这段代码旨在创建一个简单的个人主页，包含欢迎信息、导航链接、横幅图像和页脚。用户可以通过单击导航链接（尽管目前链接指向#，即空链接），以及单击横幅图像在新标签页中查看大图。

潜在问题和改进

1.导航链接无效

当前的导航链接指向#，这意味着单击它们不会有任何效果。可以将它们链接到实际的内容页面或相关的URL。

2.图像源硬编码

JavaScript中直接使用图像id来获取其src属性。虽然这种方法在这里有效，但如果图像id或src发生变化，JavaScript代码也需要相应更新。可以考虑使用更灵活的方法，如数据属性（data-*）来存储图像的URL。

3.可访问性

列表项（li）在单击时仅改变了颜色，并没有提供任何视觉以外的反馈（如屏幕阅读器通知）。可以考虑使用ARIA（Accessible Rich Internet Application）属性来增强可访问性。

4.响应式设计

虽然CSS已经做了一些基本的响应式设计，但可以根据需要进一步优化，以确保页面在各种设备上都能很好地显示。

5.JavaScript性能

在这个简单的页面中，JavaScript的使用是合适的。但在更复杂的页面中，应尽量避免在HTML中直接编写JavaScript代码，而是将其放在外部文件中，并使用事件监听器来添加行为，以保持代码的整洁和可维护性。

解读内容生成后，需要根据代码情况进行审核，以确保内容的准确性。

7.2.5 AIGC添加代码注释

代码注释可以帮助开发者理解代码的功能和逻辑，提高代码的可维护性和协作效率。代码注释类型一般包括单行注释、多行注释和文档注释三种，单行注释用于简短的说明或解释单行代码，多行注释用于较长的解释或注释多行代码，文档注释是一种特别的注释形式，可用于自动生成代码文档。

【练习5】添加代码注释

下面利用AIGC工具添加代码注释。

步骤01 输入提示词。打开文心一言（或其他AIGC工具），输入以下（内容）提示词。

请为以下HTML代码生成详细的注释，解释每部分的功能和结构：

```html
<!DOCTYPE html>
<html lang="zh">
<head>
    <meta charset="UTF-8">
    <meta name="viewport" content="width=device-width, initial-scale=1.0">
    <title>简单的HTML示例</title>
</head>
<body>
    <h1>欢迎来到我的网页</h1>
    <p>这是一个简单的HTML示例页面。</p>
    <p>你可以访问 <a href="https://www.example.com">这个链接</a> 来了解更多信息。</p>
</body>
</html>
```

步骤 02 生成内容。 输入并发送提示词后，生成内容如下。

html

<!DOCTYPE html> <!-- 声明文档类型，告知浏览器这是一个HTML 5文档。这是HTML文档的第一行，确保浏览器以标准模式渲染页面。 -->

<html lang="zh"> <!-- <html> 标签是HTML文档的根元素。lang="zh" 属性指定文档的主要语言为中文（简体）。 -->

<head> <!-- <head> 部分包含了文档的元数据（meta-data），如文档的标题、字符集、样式表链接、脚本等。 -->

<meta charset="UTF-8"> <!-- <meta> 标签定义文档的元数据。charset="UTF-8" 指定文档使用UTF-8字符编码，支持多种语言的字符。 -->

<meta name="viewport" content="width=device-width, initial-scale=1.0"> <!-- 另一个<meta>标签，用于控制页面在移动设备上的布局和缩放。width=device-width 使页面宽度等于设备屏幕宽度，initial-scale=1.0 设置页面初始缩放比例为1:1。 -->

<title>简单的HTML示例</title> <!-- <title> 标签定义文档的标题，显示在浏览器的标题栏或标签页上。 -->

</head>

<body> <!-- <body> 部分包含可见的页面内容，如文本、图片、链接、表格等。 -->
<h1>欢迎来到我的网页</h1> <!-- <h1> 标签定义最高级别的标题。通常用于页面的主标题。 -->

<p>这是一个简单的HTML示例页面。</p> <!-- <p> 标签定义段落。这里用于显示一段文本内容。 -->

<p>你可以访问 <a href="https://www.example.com">这个链接</a> 来了解更多信息。</p>
<!-- 另一个段落，包含了一个<a>标签，用于创建超链接。href="https://www.example.com" 指定链接的目标地址。用户单击"这个链接"时，会跳转到指定的URL。-->

　　</body>

　　</html> <!-- 结束HTML文档的根元素。-->

　　这段HTML代码创建了一个非常基础的网页，包括文档类型声明、语言设置、元数据（字符集和视口设置）、页面标题以及页面主体内容（一个主标题和两个段落，其中一个段落包含一个超链接）。

7.3　高效的Python编程语言

　　Python是一种适合新手学习的编程语言，由荷兰程序员吉多·范罗苏姆（Guido van Rossum）发明，并于1991年首次发布。Python的设计哲学强调代码的可读性，其语法结构清晰，使得编写和理解代码变得更加容易。Python支持多种编程范式，因而具有很高的灵活性和适用性。

7.3.1　Python开发环境搭建

　　搭建合适的开发环境是开始Python编程的重要前提，它确保开发者拥有必要的工具和配置，以高效地编写、测试和运行Python代码。

1. 安装 Python 解释器

　　访问Python网站并根据操作系统类型下载最新的安装文件，如图7-5所示。下载完成后，双击下载包，进入Python安装向导，根据提示进行操作，直至安装完成。

图 7-5

　　安装完成后，按Win+R组合键打开"运行"对话框，输入cmd，打开命令提示符窗口，在其中输入python后按Enter键，验证是否安装，图7-6所示为安装成功后显示的代码，介绍如下：

- **Python 3.13.1：** 表示安装的Python版本是3.13.1。

- **(tags/v3.13.1:0671451, Dec 3 2024, 19:06:28)：** 这是Python版本的构建信息，显示版本的标签和构建日期。
- **[MSC v.1942 64 bit (AMD64)]：** 表示安装的是64位的Python版本，适用于AMD64架构。
- **on win32：** 表示正在Windows 32位或64位操作系统上运行Python。

图 7-6

2. 选择并安装 IDE 或文本编辑器

IDE（集成开发环境）是一种专为程序员设计的、综合性的软件应用程序，可以提供全面的开发工具。它集成了代码编辑器、调试工具、版本控制支持、项目管理和插件扩展等多种功能，旨在提高开发效率和代码质量。无论是编程初学者还是经验丰富的开发者，IDE都能满足需求。初学者可以依赖IDE的辅助功能快速上手，而专业开发者则可以利用其强大的工具集来提升工作效率。用户可以根据自己的具体需求选择合适的IDE，并进行个性化配置，以满足特定的开发工作流程。例如，以Jupyter Notebook的安装与应用为例：

在系统的命令提示符窗口中输入pip3 install Jupyter，以安装Jupyter Notebook，完成后，在命令提示符窗口中输入jupyter notebook启动Jupyter Notebook，保持Jupyter Notebook在命令提示符窗口中运行，同时自动打开浏览器，如图7-7所示。单击右上角的New按钮，在下拉列表中选择Python 3（ipykernel），创建文件后，在新窗口的对话框中输入Python代码并运行即可。

图 7-7

7.3.2 精准的数据分析

Python功能强大且灵活，丰富的库和框架使其成为数据科学和数据分析领域最受欢迎的编程语言之一。在使用Python分析数据之前，需要通过pip命令安装必要的库。在命令提示符窗口输入以下内容，按Enter键完成，将自动安装numpy、pandas、matplotlib、seaborn和scikit-learn五个库。

```
pip install numpy pandas matplotlib seaborn scikit-learn
```

安装这五个库后，可以在Python脚本或Jupyter Notebook中通过以下方式导入库，从而使用它们提供的功能进行数据分析和建模。

```
import numpy as np
import pandas as pd
import matplotlib.pyplot as plt
import seaborn as sns
from sklearn.model_selection import train_test_split
from sklearn.linear_model import LinearRegression
```

【练习6】Python 数据分析

下面利用AIGC生成Python代码，用来分析一份销售数据，并生成折线图。

步骤01 输入提示词。打开文心一言（或其他AIGC工具），输入以下提示词。

> 请生成一段Python代码，用于分析一个包含销售数据的CSV文件。该文件包含以下字段：日期、产品、销售额和数量。代码应完成以下任务。
> （1）使用pandas库读取CSV文件，确保使用 GBK 编码读取文件。
> （2）对数据进行清洗，处理缺失值和重复项，并确保日期列被转换为日期格式。
> （3）计算每个产品的总销售额，并将结果输出到控制台。
> （4）按日期分组计算每日总销售额，并绘制销售额随时间变化的折线图。
> （5）设置图表的字体为黑体，以确保图表的可读性。

步骤02 生成内容。输入并发送提示词后，生成内容如下。

> 以下是一个Python脚本，它使用pandas库来读取一个包含销售数据的CSV文件，并对数据进行清洗和分析。此外，它还使用matplotlib库来绘制销售额随时间变化的折线图，并设置图表字体为黑体。
>
> ```python
> import pandas as pd
> import matplotlib.pyplot as plt
> import matplotlib.font_manager as font_manager
> from datetime import datetime
>
> # 1. 使用pandas库读取CSV文件，确保使用GBK编码读取文件
> file_path = 'sales_data.csv'  # 请确保文件路径正确
> try:
>     df = pd.read_csv(file_path, encoding='gbk')
> except FileNotFoundError:
>     print(f"文件 {file_path} 未找到。")
>     exit()
> except UnicodeDecodeError:
>     print("文件编码可能不是GBK，请检查文件编码并重新运行脚本。")
>     exit()
> ```

```python
# 2．对数据进行清洗
# 处理缺失值：删除包含缺失值的行
df.dropna(inplace=True)

# 处理重复项：删除重复的行（基于所有列）
df.drop_duplicates(inplace=True)

# 确保日期列被转换为日期格式
# 假设日期列名为'日期'，且格式为pandas可以解析的日期格式（如'YYYY-MM-DD'）
df['日期'] = pd.to_datetime(df['日期'], errors='coerce')
# 删除日期转换失败的行（如果存在）
df = df[df['日期'].notna()]

# 3．计算每个产品的总销售额，并将结果输出到控制台
product_sales = df.groupby('产品')['销售额'].sum().reset_index()
print("每个产品的总销售额：")
print(product_sales)

# 4．按日期分组计算每日总销售额
daily_sales = df.groupby('日期')['销售额'].sum().reset_index()

# 5．设置图表的字体为黑体，并确保图表的可读性
# 加载黑体字体（这里以Windows操作系统为例，其他系统需调整字体路径）
font_path = r'C:\Windows\Fonts\simhei.ttf'  # Windows操作系统黑体字体路径
my_font = font_manager.FontProperties(fname=font_path)

# 绘制销售额随时间变化的折线图
plt.figure(figsize=(12, 6))
plt.plot(daily_sales['日期'], daily_sales['销售额'], marker='o', linestyle='-', color='b')
plt.title('销售额随时间变化', fontproperties=my_font, fontsize=16)
plt.xlabel('日期', fontproperties=my_font, fontsize=14)
plt.ylabel('销售额', fontproperties=my_font, fontsize=14)
plt.xticks(rotation=45, fontproperties=my_font, fontsize=12)  # 旋转日期标签以避免重叠
plt.yticks(fontproperties=my_font, fontsize=12)
plt.grid(True)
plt.tight_layout()

# 显示图形
plt.show()
```

注意事项

- 请确保CSV文件的路径（file_path）正确。
- 日期列的格式应与pd.to_datetime()函数能够解析的格式相匹配。如果日期格式不同，

请使用format参数指定正确的格式。
- 在设置字体时,我使用了Windows操作系统中黑体字体的常见路径。如果您在其他操作系统中运行此代码,您需要找到黑体字体文件的正确路径,或者使用该操作系统中可用的其他字体。同时,请确保已安装该字体,并且matplotlib可以访问它。
- 如果您的matplotlib配置已经包含了中文字体支持,并且您希望使用默认的中文字体设置,则可以省略加载字体和设置字体属性的部分。但是,在某些配置中,特别是当使用非中文操作系统时,显式设置字体可能是必要的。

步骤03 预览效果。检查生成的代码后,将其复制至jupyter notebook文档窗口的对话框中,根据实际路径修改文件路径,单击▶按钮运行,效果如图7-8所示。

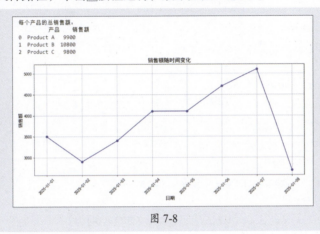

图 7-8

7.3.3 强大的程序开发

基于Python的灵活性和丰富的库支持,几乎可以用于开发任何类型的程序。通过AIGC工具的应用,开发者可以显著提高编程效率、降低编码错误率,并获得更多创作灵感和支持。

【练习7】开发计算程序

下面利用AIGC生成一段Python代码,以实现计算功能。

步骤01 输入提示词。打开文心一言(或其他AIGC工具),输入以下提示词:

生成一个独立的Python程序,使用Tkinter创建一个基本计算器图形界面。计算器应支持加法、减法、乘法和除法。程序应包括两个输入框用于输入数字,一个按钮用于执行计算,一个标签用于显示结果。请提供完整的代码。

步骤02 生成内容。输入并发送提示词后,生成内容如下。

以下是一个使用Tkinter库创建的Python程序,该程序实现了一个具有图形用户界面的基本计算器,支持加法、减法、乘法和除法运算。计算器包含两个输入框用于输入数字,一个按钮用于执行计算,一个标签用于显示结果。

```python
import tkinter as tk
```

```python
from tkinter import messagebox

def calculate():
    try:
        num1 = float(entry1.get())
        num2 = float(entry2.get())
        operation = operation_var.get()

        if operation == "加法":
            result = num1 + num2
        elif operation == "减法":
            result = num1 - num2
        elif operation == "乘法":
            result = num1 * num2
        elif operation == "除法":
            if num2 == 0:
                messagebox.showerror("错误", "除数不能为零！")
                return
            result = num1 / num2

        result_label.config(text=f"结果: {result}")
    except ValueError:
        messagebox.showerror("错误", "请输入有效的数字！")

# 创建主窗口
root = tk.Tk()
root.title("基本计算器")

# 创建并放置输入框
entry1_label = tk.Label(root, text="数字1:")
entry1_label.grid(row=0, column=0, padx=10, pady=10)
entry1 = tk.Entry(root)
entry1.grid(row=0, column=1, padx=10, pady=10)

entry2_label = tk.Label(root, text="数字2:")
entry2_label.grid(row=1, column=0, padx=10, pady=10)
entry2 = tk.Entry(root)
entry2.grid(row=1, column=1, padx=10, pady=10)

# 创建并放置运算选择变量（使用Tkinter的StringVar）
operation_var = tk.StringVar(value="加法")   # 默认选择加法

# 创建运算选项的Radiobutton
tk.Radiobutton(root, text="加法", variable=operation_var, value="加法
```

```python
").grid(row=2, column=0, sticky=tk.W, padx=10, pady=10)
tk.Radiobutton(root, text="减法", variable=operation_var, value="减法
").grid(row=2, column=1, sticky=tk.W, padx=10, pady=10)
tk.Radiobutton(root, text="乘法", variable=operation_var, value="乘法
").grid(row=3, column=0, sticky=tk.W, padx=10, pady=10)
tk.Radiobutton(root, text="除法", variable=operation_var, value="除法
").grid(row=3, column=1, sticky=tk.W, padx=10, pady=10)

# 创建并放置计算按钮
calculate_button = tk.Button(root, text="计算", command=calculate)
calculate_button.grid(row=4, column=0, columnspan=2, pady=20)

# 创建并放置结果标签
result_label = tk.Label(root, text="结果:")
result_label.grid(row=5, column=0, columnspan=2, pady=10, sticky=tk.W)

# 运行主循环
root.mainloop()
```

在这个程序中，我们使用了Tkinter库来创建图形用户界面。entry1和entry2是两个输入框，用于用户输入两个数字。operation_var是一个StringVar变量，用于存储用户选择的运算类型（加法、减法、乘法或除法），并通过Radiobutton控件提供给用户选择。calculate函数负责读取输入框中的数字，根据用户选择的运算类型进行计算，并在result_label标签中显示结果。如果用户输入无效（例如，不是数字）或尝试进行除以零的操作，程序会显示一个错误消息框。

步骤 03 预览效果。检查生成的代码，然后将其复制至jupyter notebook的文档窗口的对话框中，单击▶按钮，运行效果如图7-9所示。

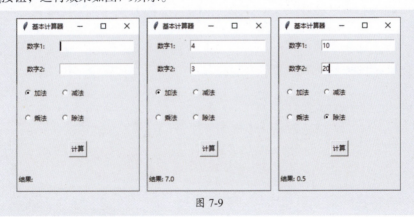

图 7-9

7.3.4 简洁的数据抓取

Python凭借丰富的库和工具集，以及灵活且易于编写的语法，在数据抓取领域具有得天独厚的优势。即使是编程初学者，也能凭借其简洁明了的语法，迅速掌握Python数据抓取的基本技能。

而AIGC技术，作为人工智能和机器学习领域的杰出代表，进一步强化了Python在数据抓取方面的能力。AIGC在Python数据抓取中的作用，主要体现在智能化、自动化和效率提升方面。通过巧妙融合AIGC技术，开发者不仅能够更高效地抓取和处理数据，还能深入挖掘数据背后的价值，从而获得更为精准的洞察和结果。

在使用Python进行数据抓取之前，需要通过pip来安装必要的库，如requests、beautifulsoup4、transformers、sumy或textrank4zh（针对中文）、lxml、Scrapy、Selenium等，使用时根据需要选择安装即可。

【练习8】Python 数据抓取

下面利用AIGC工具抓取测试网页中的数据。

步骤01 **输入提示词**。打开文心一言（或其他AIGC工具），输入以下提示词：

> 请生成一个Python脚本，抓取网页https://example.com，提取标题和段落，并在独立窗口中显示摘要。

步骤02 **生成内容**。输入并发送提示词后，生成内容如下。

> 为了抓取网页内容、提取标题和段落，并在一个独立的窗口中显示摘要，可以使用Python的requests库来获取网页数据，BeautifulSoup来解析HTML，以及Tkinter库来创建一个简单的图形用户界面（GUI）窗口以显示摘要。由于Tkinter是Python标准库的一部分，用户不需要额外安装它。
>
> 下面是一个完整的Python脚本示例。

```python
import requests
from bs4 import BeautifulSoup
import tkinter as tk
from tkinter import scrolledtext

# 抓取网页内容
url = 'https://example.com'
try:
    response = requests.get(url)
    response.raise_for_status()  # 如果请求失败，将引发HTTPError异常
except requests.RequestException as e:
    print(f"Error fetching the webpage: {e}")
    exit()

# 解析HTML文档
soup = BeautifulSoup(response.content, 'html.parser')

# 提取标题
title_tag = soup.find('title')
title = title_tag.get_text() if title_tag else 'No Title Found'
```

```python
# 提取段落（这里假设段落是<p>标签内的内容）
paragraphs = []
for p in soup.find_all('p'):
    paragraphs.append(p.get_text().strip())

# 将段落内容合并为摘要（这里简单地用换行符连接所有段落，实际应用中可能需要更复杂的摘要算法）
summary = '\n'.join(paragraphs)
# 注意：这里并没有真正的"摘要"生成，只是展示了所有段落。要生成真正的摘要，你可能需要使用自然
语言处理库，如spaCy、NLTK或textrank4zh等。

# 创建Tkinter窗口来显示摘要
root = tk.Tk()
root.title("Webpage Summary")

# 设置窗口大小
root.geometry("600x400")

# 创建一个ScrolledText小部件来显示摘要
text_widget = scrolledtext.ScrolledText(root, wrap=tk.WORD, width=60, height=20)
text_widget.insert(tk.INSERT, f"Title: {title}\n\n")
text_widget.insert(tk.INSERT, summary)
text_widget.pack(padx=10, pady=10)

# 运行Tkinter主循环
root.mainloop()
```

注意

- 脚本中的requests.get(url)会发送一个GET请求到指定的URL。如果目标网站有反爬虫机制，可能需要添加请求头或使用代理来避免被封禁。在这个示例中，我们没有添加任何请求头或代理。
- BeautifulSoup用于解析HTML文档，并提取标题和段落内容。这里假设段落是<p>标签内的内容，但实际情况可能有所不同。
- 在这个脚本中，我们并没有实现真正的摘要生成算法。只是简单地将所有段落内容连接在一起，并在Tkinter窗口中显示。如果你需要生成真正的摘要，可能需要使用自然语言处理库，如spaCy、NLTK或textrank4zh等。
- Tkinter库用于创建一个简单的GUI窗口来显示摘要。ScrolledText小部件提供了一个可滚动的文本框，用于显示多行文本。
- 脚本中的错误处理相对简单，只捕获了请求异常。在实际应用中，可能需要更详细的错误处理机制。

步骤 03 预览效果。 检查生成的代码，然后将其复制至jupyter notebook文档窗口的对话框中，单击▶按钮，运行效果如图7-10所示。

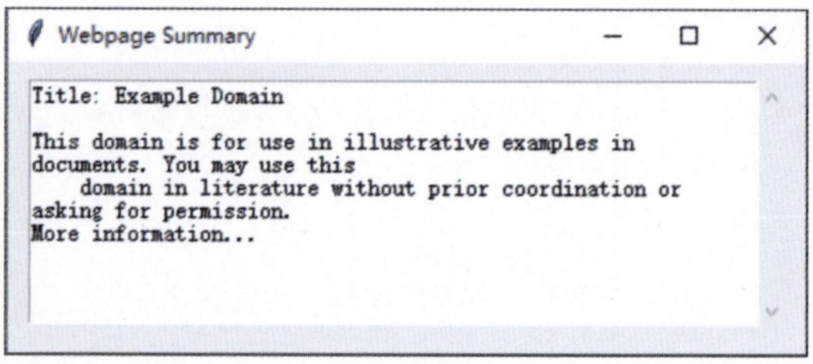

图 7-10

7.4 AIGC应用实战：实用的倒计时程序

程序的开发是一项枯燥且复杂的任务，涉及大量的逻辑思考和细致的代码编写。而借助AIGC工具，开发者可以快速实现代码的自动生成和智能补全，从而大幅提升开发效率。

下面练习使用AIGC生成Python代码，以实现倒计时程序的制作。

步骤 01 输入提示词。 使用Python实现倒计时程序的制作，可以尝试以下提示词：

> 创建一个使用Tkinter库的倒计时应用程序，该程序应包含一个主窗口，标题为"倒计时程序"。在主窗口中，添加标签提示用户输入倒计时的秒数，并提供一个输入框供用户输入。同时设置一个大的标签用于显示当前的倒计时时间，并添加"开始""停止"和"退出"三个按钮。当用户单击"开始"按钮时，验证输入是否为正整数，并启动一个线程来处理倒计时逻辑，以避免阻塞GUI。在倒计时线程中，每秒更新一次倒计时标签，直到倒计时结束或用户单击"停止"按钮。使用线程事件（threading.Event）来同步主线程和倒计时线程之间的状态。当倒计时结束或用户停止时，显示一个消息框通知用户。整个程序应使用类（如CountdownApp）来组织代码，提高代码的可读性和模块化程度。同时，添加错误处理逻辑来确保用户输入为有效的正整数，并使用root.after()方法来确保消息框在GUI线程中显示。

步骤 02 生成内容。 输入并发送提示词后，生成内容如下。

以下是一个基于Tkinter库的倒计时应用程序的完整代码，该程序遵循了您提供的所有要求。

```python
import tkinter as tk
from tkinter import messagebox
import threading

class CountdownApp:
    def __init__(self, root):
        self.root = root
        self.root.title("倒计时程序")

        self.label = tk.Label(root, text="请输入倒计时的秒数：", font=("Arial", 12))
        self.label.pack(pady=10)

        self.entry = tk.Entry(root, font=("Arial", 12), width=10)
```

```python
        self.entry.pack(pady=5)

        self.countdown_label = tk.Label(root, text="", font=("Arial", 24), anchor='center')
        self.countdown_label.pack(pady=20)

        self.start_button = tk.Button(root, text="开始", command=self.start_countdown, font=("Arial", 12))
        self.start_button.pack(side=tk.LEFT, padx=20, pady=10)

        self.stop_button = tk.Button(root, text="停止", command=self.stop_countdown, state=tk.DISABLED, font=("Arial", 12))
        self.stop_button.pack(side=tk.LEFT, padx=20, pady=10)

        self.quit_button = tk.Button(root, text="退出", command=root.quit, font=("Arial", 12))
        self.quit_button.pack(side=tk.RIGHT, padx=20, pady=10)

        self.countdown_running = False
        self.countdown_thread = None
        self.stop_event = threading.Event()

    def start_countdown(self):
        try:
            self.countdown_seconds = int(self.entry.get())
            if self.countdown_seconds <= 0:
                raise ValueError("请输入一个正整数。")
        except ValueError as e:
            messagebox.showerror("输入错误", e)
            return

        self.countdown_running = True
        self.stop_event.clear()
        self.stop_button.config(state=tk.NORMAL)

        self.countdown_thread = threading.Thread(target=self.countdown_worker)
        self.countdown_thread.start()

    def stop_countdown(self):
        self.countdown_running = False
        self.stop_event.set()
        self.stop_button.config(state=tk.DISABLED)

    def countdown_worker(self):
        while self.countdown_running and self.countdown_seconds > 0:
            if self.stop_event.is_set():
```

```
                break
            self.update_countdown_label(self.countdown_seconds)
            time.sleep(1)
            self.countdown_seconds -= 1

        if self.countdown_seconds <= 0:
            self.root.after(100, self.show_time_up_message)  # 使用after来确保消
# 息框在GUI线程中显示

    def update_countdown_label(self, seconds):
        self.countdown_label.config(text=str(seconds))

    def show_time_up_message(self):
        messagebox.showinfo("倒计时结束", "时间到！")

if __name__ == "__main__":
    import time  # 确保time模块被导入，用于倒计时
    root = tk.Tk()
    app = CountdownApp(root)
    root.mainloop()
```

注意

- 添加了import time语句来确保time.sleep(1)可以正常工作。
- 在show_time_up_message方法中，使用了root.after(100, self.show_time_up_message)来稍微延迟消息框的显示，以确保它在GUI线程中执行。这里的100ms延迟是足够的，因为countdown_worker线程在倒计时结束时已经停止，所以不会立即触发另一个更新。然而，由于root.after的使用，即使不是必需的，也增加了代码的健壮性。
- 修正了类定义中的__init__方法（之前错误地写为了init），这是Python类定义的标准做法。

现在，这段代码应该能够按照您的要求运行一个倒计时应用程序。

步骤 03 **预览效果。** 检查生成的代码，然后将其复制至jupyter notebook文档窗口的对话框中，单击▶按钮，运行效果如图7-11所示。

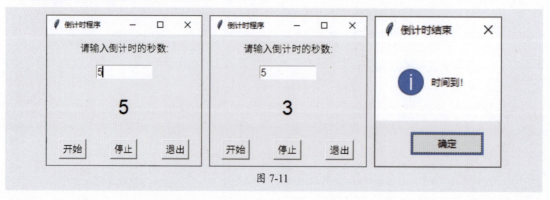

图 7-11

AIGC

第 8 章
数字人虚拟主播

数字人是一种利用人工智能技术和先进算法创建的高度逼真，能够模拟人类行为、表情和语言交互的虚拟形象。结合了计算机图形学、深度学习、自然语言处理等多种前沿科技，能够为用户提供沉浸式、个性化的互动体验，广泛应用于娱乐、教育、客户服务、虚拟偶像等多个领域。本章主要对数字人的基础知识，以及一些常用数字人平台进行介绍。

8.1 数字人基础概览

数字人是运用先进的人工智能技术和计算机图形学创造的，能够模拟人类外貌、动作、表情，并进行自然语言交互的高度逼真虚拟人物。下面对数字人的概念、特点、分类以及应用场景等进行详细介绍。

8.1.1 概念与核心特点

数字人是指利用数字技术创造出来的，具有人类外貌、行为乃至思想的虚拟人物。数字人配备了自然语言处理（NLP）、机器学习和情感计算等技术，能够理解和回应用户的语言和情感，从而实现更自然的交互。它们可以用于娱乐、教育、营销、虚拟助理等多个领域，为用户提供全新的交互体验和视觉效果。

数字人的核心特点主要体现在以下几个方面：

- **高度拟人化**：数字人通过3D建模和人脸识别展现真实的外貌，模拟人类声音和口音，并模仿肢体动作和面部表情，使其显得更加自然和真实。
- **智能交互**：数字人能理解并回应用户的语言指令，识别用户的情绪并作出相应反馈，支持语音、文字、图像等多种输入输出方式，提供丰富的交互体验。
- **学习与进化**：通过深度学习，数字人能够不断提升自己的知识和能力，随着技术进步，反应速度和情感识别等能力也不断优化。
- **个性化定制**：数字人的外观、性格和行为都可以根据需求进行定制，以适应不同的应用场景。

8.1.2 分类及应用场景

数字人概念广泛应用于娱乐、教育、客户服务、虚拟现实体验、社交媒体、广告营销等多个领域，为用户带来更加沉浸式和个性化的交互体验。

1. 数字人的分类

数字人的分类方式多样，依据不同维度可划分为多种类型。数字人的分类方式、类型以及特点如表8-1所示。

表8-1

分类方式	类型	特点
视觉维度	2D 数字人	主要呈现于平面图像或动画中
	3D 数字人	具备立体形象，可实现更为丰富的动作与表情
真实程度	卡通数字人	形象夸张，色彩鲜明，多用于娱乐与儿童教育
	写实数字人	力求还原人类真实形象，多用于新闻报道与影视制作
	仿真数字人	通过高精度建模与渲染技术，实现与人类形象的高度相似，甚至难以分辨真伪
	全真数字人	与仿真数字人相比更进一步，不仅外观酷似真人，还强调情感表达与智能交互，力求实现全方位的沉浸式体验

（续表）

分类方式	类型	特点
能否进行人格化交互	交互型数字人	具备人格化交互能力，能够对外界信息进行读取、识别及反馈，进而做出相应的交互动作
	非交互型数字人	更注重展示功能，通常用于信息播报、虚拟导游等场景，它们不具备实时互动能力，但能以生动逼真的形象呈现信息
交互驱动技术基础	人工智能驱动型数字人	以人工智能系统为核心，通过算法与数据驱动实现交互
	真人驱动型数字人	由真实的人进行扮演，通过动作捕捉技术将真人的动作与表情转化为数字人的动作与表情
应用目的	服务型数字人	主要用于代替真人完成任务或提供服务，如数字客服、数字导游等
	身份型数字人	具有鲜明身份性，多用于娱乐与社交领域，如虚拟偶像、虚拟品牌代言人等

2. 数字人的应用场景

数字人的应用场景广泛，涵盖偶像娱乐、直播短视频、教育培训、数字化劳动力与情感陪伴等多个领域。

- **偶像娱乐**：数字人已成为偶像娱乐的重要力量。虚拟偶像如洛天依、A-SOUL等吸引大量粉丝，已故明星如邓丽君通过数字复生继续活跃，延续粉丝情感。
- **直播短视频**：数字人主播在直播和短视频中崭露头角。尤其是在跨境电商中解决了语言沟通障碍，提升了效率。例如，京东推出的"言犀虚拟主播"和西安市长安区的AI数字人直播基地，都助力电商行业加速发展。
- **教育培训**：数字人也在教育领域大展身手。它们作为虚拟教师或助教，参与教学、答疑和陪伴，激发学生兴趣和学习效率。例如虚谷未来科技推出的数字人小艾和河南开放大学的数字人老师"河开开"都取得了不错的效果。此外，数字人在个性化教育中也能根据学生进度调整教学内容，提升学习体验。
- **数字化劳动力**：数字化劳动力正在推动社会变革，许多行业已开始尝试用数字人代替传统劳动力。银行、学校和展览馆等场所都在使用数字员工，如宁波银行的"小宁"和网龙公司的"唐钰"，有效提高了工作效率和客户体验。
- **情感陪伴**：数字人通过自然语言处理和情感识别技术，能与用户进行深入对话，提供温暖陪伴，尤其对独居老人或孤独症患者有很大帮助。这些数字人不仅能分享故事，还能提供心理疏导，满足情感交流需求。随着人口老龄化，数字人在社会中的陪伴角色愈加重要。

8.1.3 数字人工具和平台

目前有很多数字人工具和平台，它们正逐渐改变内容创作与交互的边界。随着技术的不断进步，这些工具和平台为用户提供了前所未有的便捷与创造力，使得数字人的制作与应用变得更加广泛和深入。无论是专业的视频创作者，还是普通的个人用户，都能在这些工具和平台的帮助下，轻松实现自己的数字人梦想，探索更加多元化的创作与表达方式。常用的数字人工具和平台如表8-2所示。

表8-2

工具	简　介
剪映	能够将文本内容快速转化为生动的数字人播报视频，提供多样化的形象、音色、背景选择，极大地提升视频创作效率
腾讯智影	能够高效地将文本或音频内容转换为逼真的数字人播报视频，提供丰富的形象选择和自定义背景功能
即创	字节跳动公司免费的 AI 创作平台，以丰富的数字人形象和配音资源为特色，助力用户轻松实现创意内容的生成与发布
百度智能云曦灵	集数字人生产、内容创作、业务配置服务于一体的综合性平台，支持快速生成高度定制化的数字人形象，并广泛应用于多场景
讯飞 AI 虚拟数字人	利用先进的 AI 技术，提供高度逼真的虚拟形象与智能交互体验，满足多样化应用场景需求
魔珐有言	一站式数字人创作平台，让用户轻松制作个性化 3D 数字分身，实现高效的内容创作与互动体验

8.2　剪映数字人口播视频

剪映的数字人功能是一项创新的视频创作工具，它允许用户通过简单的文本输入，快速生成具有生动表情和流畅动作的数字人口播视频，为视频内容增添专业感和趣味性，极大地丰富了视频创作的可能性。

【练习1】制作天气预报口播视频

下面利用剪映中的数字人功能制作一段天气预报视频片段。

8.2.1　智能生成文案与字幕

剪映的"文字成片"支持根据提示词一键生成文案。下面使用该功能生成一段天气预报口播文案。

步骤01 执行"文字成片"命令。启动剪映专业版软件，在首页中单击"文字成片"按钮，如图8-1所示。

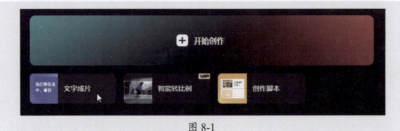

图 8-1

步骤 02 **根据提示词生成文案**。打开"文字成片"对话框,在"智能写文案"组中选择"自定义输入"选项,随后在文本框中输入提示词,单击"生成文案"按钮,如图8-2所示。

图 8-2

步骤 03 **执行生成视频操作**。系统随即生成3份文案,选择一份需要使用的文案,单击"生成视频"按钮,在弹出的列表中选择"使用本地素材"选项,如图8-3所示。

图 8-3

步骤 04 **自动生成字幕和音频**。系统随即对文案进行分析和处理,稍作等待即可生成字幕、配音以及背景音乐,并在创作界面中打开,在时间线窗口中可以看到这些素材,如图8-4所示。

步骤 05 **删除配音和背景音乐**。在时间线窗口中分别选中配音和背景音乐素材,按Delete键将其删除,只保留字幕素材,如图8-5所示。

图 8-4

图 8-5

8.2.2 选择理想的数字人

剪映提供丰富的预设数字人形象。这些数字人包括不同性别、年龄以及种族,他们不仅有丰富的面部表情和肢体动作,还内置了语音合成功能,用户可以选择不同的数字人,满足个性化创作需求。下面将根据8.2.1节生成的字幕添加数字人。

步骤 01 选择数字人。在剪映创作界面中的时间线窗口内拖动光标全选所有字幕素材,在界面右侧打开"数字人"面板,选择一个数字人并对其声音进行试听,单击"添加数字人"按钮,如图8-6所示。

图 8-6

步骤 02 **成功添加数字人。**稍作等待后数字人即可添加成功。此时，时间线窗口中会出现数字人素材。

图 8-7

步骤 03 **缩放数字人。**在播放器窗口中选择数字人，将光标移动到数字人图像的任意一个边角的圆形控制点上方，光标变成双向箭头时，按住鼠标左键进行拖动，可以放大或缩小数字人，如图8-8所示。

步骤 04 **移动数字人。**将光标移动到数字人图像上方，按住鼠标左键进行拖动，可以将数字人移动到合适的位置，如图8-9所示。

图 8-8

图 8-9

8.2.3　美化数字人形象

剪映支持使用内部工具对数字人的形象进行美化，例如为数字人添加美颜、美体、美妆等效果。

选中数字人，在界面右侧打开"画面"面板，切换到"美颜美体"选项卡，该选项卡中提供"美颜""美型""美状""美体"等分组，用户需要先勾选分组复选框，激活各分组中的参数选项，然后根据需要对数字人进行美化。美颜分组中包含的各项参数如图8-10所示。

图 8-10

"美型""美状""美体"分组中的各项参数分别如图8-11、图8-12、图8-13所示。需要注意的是,这其中包含很多会员专用工具(显示VIP图标),需要开通会员才能使用,普通用户只能使用费会员工具。

图 8-11

图 8-12

图 8-13

8.2.4 导入新闻背景

数字人添加成功后还需要导入视频或图片素材。

步骤01 添加视频素材。在文件夹中选中"新闻背景"视频素材,按住鼠标左键向剪映的时间线窗口中拖动,如图8-14所示。

步骤02 素材添加成功。松开鼠标后"新闻背景"视频素材将被添加至数字人上方的轨道中,此时"新闻背景"会遮盖数字人,如图8-15所示。

图 8-14

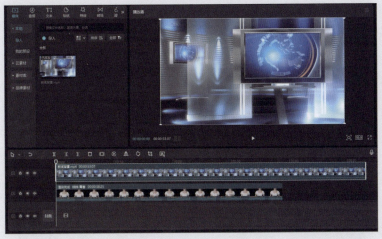

图 8-15

步骤 03 更改新闻背景的层级。 保持"新闻背景"素材为选中状态，按住鼠标左键将其拖动至最下方轨道中，如图8-16所示。

图 8-16

步骤 04 **修剪背景素材的时长**。选中"新闻背景"素材,将时间轴移动到数字人素材的结束位置,在工具栏中单击"向右裁剪"按钮,将多余的背景删除,如图8-17所示。

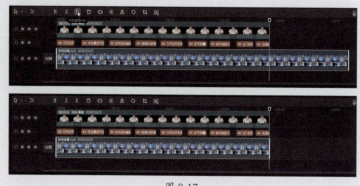

图 8-17

8.2.5 调整字幕长度

默认生成的字幕有可能字数太多,影响视频画面的协调,用户可以在"字幕"面板中对字幕的长度进行修改。

步骤 01 **打开"字幕"面板**,在时间线窗口中选择任意一个字幕素材,在界面右侧打开"字幕"面板,此处以第一条字幕为例。将光标定位于需要换行的位置,如图8-18所示。

图 8-18

步骤 02 **将一条字幕转换成两条**。按Enter键,光标右侧的内容随即被换到下一行显示,形成新的字幕,如图8-19所示。随后参照此方法继续设置其他字幕。

图 8-19

步骤 03 预览视频。至此完成数字人口播天气预报视频的制作，视频效果如图8-20所示。

图 8-20

【练习拓展】

以体育赛事为主题，制作一段数字人口播视频片段。

8.3 腾讯智影数字人播报视频

腾讯智影是腾讯公司推出的一款云端智能视频创作工具，它集成了素材搜集、视频剪辑、文本配音、数字人播报、智能字幕识别等多种功能于一体，能够为用户提供从端到端的一站式视频剪辑及制作服务，适用于专业内容创作者、社交媒体运营者以及个人用户等多种角色。

【练习2】制作产品营销策略播报

下面利用智影数字人功能来制作一段关于美妆类产品营销策略播报的视频片段。

8.3.1 登录腾讯智影

登录腾讯智影官网，单击页面右上角的"登录"按钮，如图8-21所示。

随后页面中会显示一个二维码，用手机微信扫描二维码即可进入腾讯智影的创作界面，如图8-22所示。

图 8-21 图 8-22

8.3.2 一键选择模板

腾讯智影的数字人模板允许用户一键套用包含企业宣传、年终总结、课程教学等多种应用场景的数字人模板，从而更加高效地制作个性化的数字人视频。

下面根据模板创建数字人。首先在创作界面中单击"数字人播报"模块，如图8-23所示。

图 8-23

进入数字人播报界面,在界面左侧打开"模板"选项卡,随后选择一个"营销方案策划"模板,如图8-24所示。

图 8-24

在打开的窗口中可以预览所选数据人模板的效果,最后单击"应用"按钮,即可应用该模板,如图8-25所示。

图 8-25

8.3.3 AI创作播报文案

在腾讯智影中用户只需输入需求,系统即可自动生成合适的文案内容,并支持进一步编辑和调整,例如插入停顿、标注多音字等,能够大大节省用户创作时间,提升内容生成的效率和创意，适用于教学、新闻、广告等多种场景。

在页面右侧打开"播报内容"选项，在文本框中输入提示词"美妆餐品营销方案策划"，随后单击"创作文案"按钮，即可自动生成文案，如图8-26所示。

图 8-26

生成文案后可以对文案进行适当修改，使内容更符合创作要求。用户还可以对默认的音色进行修改。在生成的文案下方单击默认音色按钮，如图8-27所示。弹出"选择音色"对话框，该对话框中包含很多音色分类，此处选择"广告营销"分类，随后选择一个合适的音色，单击"确认"按钮，即可应用该音色，如图8-28所示。最后在"播报内容"底部单击"保存并生成播报"按钮，即可生成播报。

图 8-27　　　　　　　　　　　图 8-28

8.3.4 修改文本

用户可以对模板中自带的文本进行修改。在预览区域中选择需要修改的文本框，如图8-29所示。在界面右侧的"样式编辑"选项卡中的文本框内可以对文本进行修改，并对字体、字号、颜色、对齐方式以及其他文本效果进行设置，如图8-30所示。

图 8-29　　　　　　　　　　图 8-30

8.3.5　更换数字人形象

用户可以从预设的形象库中选择喜欢的形象对当前数字人进行替换。此外，用户还可以调整数字人的位置和大小，以满足不同场景的需求。

在界面左侧打开"数字人"选项卡，从中选择一个数字人形象，如图8-31所示。所选数字人即可替换原始的数字人形象，如图8-32所示。

图 8-31　　　　　　　　　　图 8-32

替换数字人后，在页面右侧打开"画面"选项卡，通过调整"坐标"和"缩放"值可以对数字人的位置和大小进行调整，如图8-33所示。

图 8-33

8.3.6 更换背景

腾讯智影数字人提供海量素材背景供用户选择，也允许用户在编辑过程中自定义数字人所处的环境，支持选择或上传视频、图片作为背景，极大地丰富了创作的多样性和灵活性。

在界面左侧打开"背景"选项卡，该选项卡中包括"图片背景""纯色背景"以及"自定义"三个分类，此处从"图片背景"分类中选择一个合适的背景，数字人背景即可被替换，如图8-34所示。

图 8-34

8.3.7 合成视频字幕

腾讯智影的字幕功能强大且便捷，支持自动识别音视频内容并生成对应字幕，用户还可对字幕进行样式调整。

在预览区右下角单击"字幕"开关，使其变成开启状态，即可自动识别口播内容并生成字幕，如图8-35所示。在预览区中选择任意一段字幕，在界面右侧打开"字幕样式"选项卡，在该选项卡中可以选择使用预设样式改变字幕样式，或手动设置字幕的字体、字号、颜色、对齐方式等参数，如图8-36所示。

图 8-35

图 8-36

8.3.8　快速合成数字人视频

用户可以将编辑好的视频片段、音频、字幕等元素无缝融合，快速生成高质量的视频作品，并可选择不同分辨率进行导出，以满足多样化的创作需求。

单击页面右上角的"合成视频"按钮，如图8-37所示。打开"合成设置"窗口，设置好视频的名称、分辨率、帧率、码率等参数，单击"确定"按钮，即可合成视频，如图8-38所示。

图 8-37　　　　　　　　　　　　　　　　　　图 8-38

合成的视频会在腾讯智影"我的资源"界面内显示，在视频缩览图上方单击即可对该视频进行预览，如图8-39所示。

图 8-39

【练习拓展】

以美食为内容主题，制作一段美食推荐视频片段。

8.4　AIGC应用实战：制作教学数字人视频

腾讯智影的"PPT模式"是一种高效便捷的视频创作功能。用户可以在该模式下，上传本地的PPT或PDF文件作为基本素材，通过简单的编辑和调整，快速生成具有专业水准的视频内容。下面使用这一功能制作PPT教学数字人视频。

步骤01 执行"数字人播报"命令。进入腾讯智影官网，在"创作空间"界面单击"数字人播报"模块，如图8-40所示。

步骤 02 执行上传PPT命令。在打开的界面左侧单击"PPT模式"按钮，在打开的选项卡中单击"上传PPT或PDF"按钮，如图8-41所示。

步骤 03 选择PPT文件。打开"打开"对话框，选择需要使用的PPT文件，单击"打开"按钮，如图8-42所示。

图 8-40

图 8-41　　　　　　图 8-42

步骤 04 PPT文件上传成功。所选PPT中的所有页面随即被上传到腾讯智影中，并在每一个页面中生成数字人，如图8-43所示。

图 8-43

步骤05 为数字人更换服装。在"PPT模式"选项卡中选择第一页幻灯片,随后在视频预览区中选中数字人,在界面右侧打开"数字人编辑"选项卡,在"服装"组中单击另外一套服装选项,为数字人更换服装,如图8-44所示。

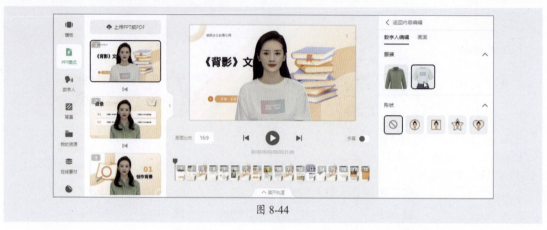

图 8-44

步骤06 调整数字人大小和位置。切换到"画面"选项卡,设置"坐标"的Y值为"136",设置"缩放"值为"62%",如图8-45所示。

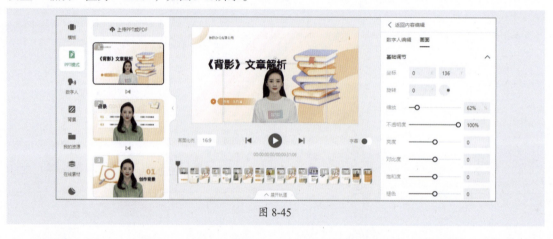

图 8-45

步骤07 参照前两个步骤,继续更换其他幻灯片中数字人的服装,以及调整数字人的大小和位置,如图8-46所示。

图 8-46

步骤 08 设置第一页口播文案及音色。在视频预览区下方，将时间指针移动到第一页幻灯片之前，在页面左侧窗格顶部单击"返回内容编辑"按钮，在"播报内容"选项卡中的文本框内输入文本内容，随后单击默认的音色按钮 娱小帅 1.0x，如图8-47所示。

图 8-47

步骤 09 更换音色。打开"选择音色"对话框，切换到"生活vlog"分类，选择"如云"，单击"确认"按钮，如图8-48所示。

步骤 10 确认生成播报。单击"保存并生成播报"按钮，如图8-49所示。第一页幻灯片中的数字人随即应用所选音色进行播报。

图 8-48

图 8-49

步骤 11 设置第2页数字人播报。参照前面3个步骤继续选择第2页幻灯片，在"播报内容"选项卡中的文本框内输入文本内容，并选择音色，单击"保存并生成播报"按钮，如图8-50所示。接下来继续设置剩余幻灯片中数字人的播报效果，此处不再重复操作步骤。

步骤 12 添加背景音乐。所有幻灯片中的数字人播报设置完成后，在页面左侧打开"音乐"选项卡，在顶部搜索框中搜索"舒缓"，系统随即搜索出很多舒缓类型的音乐，试听音乐后选择一个合适的音乐，单击其右侧的 + 按钮，如图8-51所示。

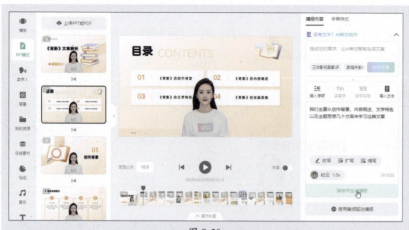

图 8-50　　　　　　　　　　　　　　　　　图 8-51

步骤 13 设置背景音乐跨页播放。系统随即弹出"添加音频"对话框，单击"设置为跨页背景音乐"按钮，如图8-52所示。

步骤 14 降低背景音乐的音量。背景音乐添加成功后所有轨道会自动展开，此时音乐轨道默认为选中状态，页面右侧会自动打开"音频编辑"选项卡，在该选项卡中设置"音量"为"25%"，如图8-53所示。

图 8-52

图 8-53

步骤 15 预览视频。最后单击界面右上角的"合成视频"按钮来合成视频。合成后的视频保存在"我的资源"内。单击视频缩览图可以对视频进行预览，如图8-54所示。

图 8-54